建设工程质量检测人员岗位培训教材

建筑幕墙工程检测

贵州省建设工程质量检测协会　组织编写

中国建筑工业出版社

图书在版编目（CIP）数据

建筑幕墙工程检测/贵州省建设工程质量检测协会组织编写. —北京：中国建筑工业出版社，2018.9

建设工程质量检测人员岗位培训教材

ISBN 978-7-112-22382-4

Ⅰ.①建… Ⅱ.①贵… Ⅲ.①幕墙-检测-岗位培训-教材 Ⅳ.①TU227

中国版本图书馆 CIP 数据核字（2018）第 137678 号

本书是建设工程质量检测人员培训丛书的一个分册，按照国家《建设工程质量检测管理办法》的要求，依据相关国家技术法规、技术规范及标准等编写完成。主要内容有：幕墙概述、幕墙用材料质量要求及检测技术、建筑幕墙物理性能要求及检测、建筑幕墙工程质量要求及检测。本书为建设工程质量检测人员培训教材，也可供从事建设工程设计、施工、质监、监理等工程技术人员参考，还可作为高等职业院校、高等专科院校教学参考用书。

责任编辑：胡永旭　范业庶　杨　杰
责任设计：李志立
责任校对：焦　乐

建设工程质量检测人员岗位培训教材
建筑幕墙工程检测
贵州省建设工程质量检测协会　组织编写

*

中国建筑工业出版社出版、发行（北京海淀三里河路 9 号）
各地新华书店、建筑书店经销
霸州市顺浩图文科技发展有限公司制版
北京建筑工业印刷厂印刷

*

开本：787×1092 毫米　1/16　印张：4¾　字数：117 千字
2018 年 10 月第一版　2018 年 10 月第一次印刷
定价：**20.00** 元
ISBN 978-7-112-22382-4
（31678）

建设工程质量检测人员岗位培训教材
编写委员会委员名单

主 任 委 员：杨跃光

副主任委员：李泽晖　许家强　谢文辉　梁　余　宫毓敏　谢雪梅

　　　　　　王林枫　陈纪山　姚家惠

委　　　员：（按姓氏笔画排序）

　　　　　　王　转　王　霖　龙建旭　卢云祥　冉　群　朱　孜

　　　　　　李荣巧　李家华　周元敬　黄质宏　詹黔花　潘金和

本 书 主 编

朱　孜　　王　霖

丛 书 前 言

建设工程质量检测是指依据国家有关法律、法规、工程建设强制性标准和设计文件，对建设工程材料质量、工程实体施工质量以及使用功能等进行检验检测，客观、准确、及时的检测数据是指导、控制和评定工程质量的科学依据。

随着我国城镇化政策的推进和国民经济的快速发展，建设规模日益增大，与此同时，建设工程领域内的有关法律、法规和标准规范逐步完善，人们对建筑工程质量的要求也在不断提高，建设工程质量检测随着全社会质量意识的不断提高而日益受到关注。因此，加强建设工程质量的检验检测工作管理，充分发挥其在质量控制、评定中的重要作用，已成为建设工程质量管理的重要手段。

工程质量检测是一项技术性很强的工作，为了满足建设工程检测行业发展的需求，提高工程质量检测技术水平和从业人员的素质，加强检测技术业务培训，规范建设工程质量检测行为，依据《建设工程质量检测管理办法》、《建设工程检测试验技术管理规范》和《房屋建筑和市政基础设施工程质量检测技术管理规范》等相关标准、规范，按照科学性、实用性和可操作性的原则，结合检测行业的特点编写本套教材。

本套教材共分6个分册，分别为：《建筑材料检测》、《建筑地基基础工程检测》、《建筑主体结构工程检测》、《建筑钢结构工程检测》、《民用建筑工程室内环境污染检测》和《建筑幕墙工程检测》。全书内容丰富、系统、涵盖面广，每本用书内容相对独立、完整、自成体系，并结合我国目前建设工程质量检测的新技术和相关标准、规范，系统介绍了建设工程质量检测的概论、检测基本知识、基本理论和操作技术，具有较强的实用性和可操作性，基本能够满足建设工程质量检测的实际需求。

本套教材为建设工程质量检测人员培训教材，也可供从事建设工程设计、施工、质监、监理等工程技术人员参考，还可作为高等职业院校、高等专科院校教学参考用书。

本套教材在编写过程中参阅、学习了许多文献和有关资料，但错漏之处在所难免，敬请谅解。关于本教材的错误或不足之处，诚挚希望广大读者在学习使用过程中发现的问题及时函告我们，以便进一步修改、补充。该培训教材在编写过程中得到了贵州省住房和城乡建设厅和有关专家的大力支持，在此一并致谢！

前 言

为了规范和加强对幕墙行业的质量管理、保证产品的性能和质量，住房和城乡建设部、国家质检总局等政府部门先后颁布了多项标准和规范，对促进行业的健康发展起到了重要的指导作用。同时，各幕墙行业协会、科研机构和专家学者等对幕墙行业的发展和技术创新也起到了带头作用。然而，一方面随着行业的不断发展，各类新产品、新技术层出不穷，另一方面由于企业技术力量参差不齐，生产能力和加工水平也相差较大，最终导致产品质量水平不一。另外，由于幕墙行业涉及学科众多，部分从业人员缺少系统的专业教育和培训，技术水平也良莠不齐。上述因素都会对幕墙的产品质量造成影响，从而影响建筑的使用舒适度和使用寿命，同时对建筑的节能效果也影响甚大。

本教材在现行国家、行业标准和规范的基础上，结合作者多年的实践经验，系统地总结了我国幕墙行业的发展现状，对幕墙用材料和幕墙产品性能要求及其检测方法进行了详细的讲解和阐述，同时，还对幕墙工程施工质量控制及验收做了系统的归纳和总结。

本教材的主要内容为：第1章简述幕墙的概念、发展历程和幕墙工程质量的管理规定，第2章叙述了幕墙用材料质量要求及检测技术，第3章叙述了建筑幕墙物理性能要求及检测，第4章叙述了建筑幕墙工程质量要求及检测。

本教材内容丰富、资料翔实，具有较好的实用性和可操作性，可供建筑门窗幕墙检测鉴定及与此相关的设计、施工、科研、监理、大专院校等单位人员使用。

本教材由朱孜、王霖、杨凯、阳启航、朱国庆、包棕榈、龙翔、黄安龙、钟应等编写。

在本教材的编写过程中参阅、学习了许多文献和有关资料，但错漏之处在所难免，敬请谅解。关于本教材的错误或不足之处，欢迎专家及同行们指正。

目　　录

第1章 幕墙概述

1.1 建筑幕墙的概念

建筑幕墙是一种将面板材料通过金属构件与建筑主体结构相连而形成的建筑外围结构，是近代科学技术发展的产物，同时也是现代建筑高层建筑时代的显著特征。在国外一般称为"building curtain wall"、"building curtain walling"、"building facade"等等。在国内外的标准、规范和著作中对建筑幕墙的定义有着很多不同的表述。

欧洲建筑幕墙产品标准《Curtain Walling Product Standard》（EN 13830：2003）中的定义是"通常来说，幕墙包含被连接在一起并被锚固到建筑物支承结构上的垂直构件和水平构件，由其或和建筑结构一起形成一种轻质、具有连续跨越度的建筑维护表皮，具有建筑外墙所有功能，但不承担任何作用在建筑主体结构上的荷载"。

《Principles of Curtain Walling》（Kawneer White，1999）中给出的幕墙的定义为"幕墙是一种垂直的建筑围护结构，该类结构除了承担自身重量和周围直接作用其上的荷载外不承受其他外荷载"。

加拿大国家建筑研究委员会 R. L. Quirouette 在其讲义中提到"建筑幕墙系统是一种悬挂在建筑主体结构上的轻质外墙形式，具有多种外部面板形式，特点在于是由玻璃或金属镶嵌在垂直和水平分格内。这些幕墙系统提供一个完整的建筑外表面或半完整的内表面。幕墙被设计为可容许结构偏差、控制风雨作用和空气泄漏、减小太阳辐射的影响并提供长期的可维护性"。

《建筑幕墙》GB/T 21086 中对建筑幕墙的定义是"由面板与支承结构体系（支承装置与支承结构）组成的，可相对主体结构有一定位移能力或自身有一定变形能力、不承担主体结构所受作用的建筑外围护墙"。

《玻璃幕墙工程技术规范》JGJ 102 称幕墙是"由支承结构体系与面板组成的、可相对主体结构有一定位移能力、不分担主体结构所受作用的建筑外围护结构或装饰性结构"。

从上述可看出，建筑幕墙具有 3 个主要的特征，也称为建筑幕墙三要素：

（1）由支承体系和面板材料组成；

（2）建筑幕墙通常与主体结构采用可动连接，可相对于建筑主体结构有一定的位移能力；

（3）建筑幕墙是一种建筑外围护结构或装饰结构，是一种完整的结构体系，只承受直接施加于其上的作用和荷载，并传递到建筑主体结构上，但不分担主体结构所承受作用和荷载。

与传统的外墙形式相比，建筑幕墙具有以下特点：

（1）艺术效果好。幕墙所产生的艺术效果是其他材料不可比拟的，它打破了传统的窗与墙的界限，巧妙地将它们融为一体。它使建筑物从不同角度呈现出不同的色调，随阳光、月光、灯光和周围的景物的变化给人以动态的美。这种独特光亮的艺术效果与周围环境有机融合，避免了高大建筑的压抑感，并能改变室内外环境，使内外景色融为一体。

（2）质量轻。玻璃幕墙相对其他墙体来说质量轻。相同面积的情况下，玻璃幕墙的质量约为砖墙粉刷的 1/10～1/12，是干挂大理石、花岗石幕墙质量的 1/15，是混凝土挂板的 1/5～1/7。由于建筑物内外墙的质量为建筑物总量的 1/4～1/5，使用玻璃幕墙能大大减轻建筑物质量，显著减少地震对建筑的影响。

（3）安装速度快。由于幕墙主要由型材和各种板材组成，用材规格标准可工业化，施工简单无湿作业，操作工序少，因而施工速度快。

（4）更新维修方便。可改造性强，易于更换。由于它的材料单一、质轻、安装简单，因此幕墙常年使用损坏后，改换新立面非常方便快捷，维修也简单。

（5）温度应力小。玻璃、金属、石材等以柔性材料与框体连接，减少了由温度变化对结构产生的温度应力，并且能减轻地震造成的损害。

（6）幕墙结构形式可以根据建筑物的造型和立面的需要进行设计和选择，能较好地适应旧建筑立面更新的需要，所以目前旧建筑的改造通常采用建筑幕墙这一外围护机构形式。

综上所述，建筑幕墙将建筑外围护结构的采光、防风、遮雨、保温、隔热、御寒、防噪声、防空气渗透等使用功能与装饰功能有机融合，是建筑技术、建筑功能和建筑艺术的综合体。

1.2 建筑幕墙的发展历程

建筑幕墙是建筑技术发展的产物，是融合建筑技术、建筑艺术为一体的外围护结构。它在国际上有着较长的发展历史，在国内也有了二十多年迅猛发展的历史，在不同的历史时期，都有其相对应的幕墙形式和幕墙技术。根据其发展历史，可概括为探索、发展、推广、提高共 4 个阶段。

（1）探索阶段（1851-1950）

1851 年英国伦敦工业博览会水晶宫（Crystal Palace）是第一个采用玻璃幕墙的建筑，其建筑面积为 90000㎡。在探索阶段不断改进玻璃品种、质量以及提升型材质量，重点解决防渗漏、隔声、保温、硅酮结构密封胶材料老化等问题。这一阶段也称为第一代幕墙。

（2）发展阶段（1950-1980）

这时期突出特点是采用新技术和新材料，发现了影响幕墙发展的各项问题，并找到了解决该系列问题的方法和途径，如利用压力平衡原理研制、设计出铝型材各种截面空腔形式，较好地解决了节点构造，形成自身雨屏障，研制推广了隐框、半隐框玻璃幕墙所用硅酮结构胶，具有良好粘结性、变形性能、耐老化性，且玻璃品种大为丰富，质量有所提高。这一阶段具有代表性的玻璃幕墙如美国宾夕法利亚阿尔考大楼（Alcoa Building），它是世界上首次采用压力平衡原理成功解决防渗漏的建筑幕墙。在这一阶段，构建式幕墙系统是较为广泛采用的幕墙体系，嵌板式幕墙也是这一时期出现。这一阶段的幕墙被称为第二代幕墙。

（3）推广阶段（1980-1996）

在发达国家，进入 20 世纪 80 年代以来建筑幕墙的推广应用范围日益拓宽，建筑幕墙的技术含量不断提高，新技术应用日渐增多，呈现出多样化、工厂化、现代化特点。金属幕墙、天然石材幕墙、混凝土幕墙、改性塑料幕墙等均趋成熟，进入工程实用；单元式幕墙被大量推广，幕墙的基本单元全部在工厂内制造，在施工现场主要是进行组合与安装，不仅提高了幕墙施工效率，而且大大提高了幕墙质量。

该时期的幕墙已经开始采用"雨幕原理"或"压力平衡原理"来解决各种幕墙系统的渗水问题。"点支式玻璃幕墙"也在该时期出现并很快得到了迅速的发展。建筑幕墙的面板材料从玻璃发展到使用有机玻璃（PMMA）、透明聚乙烯（PVC）、聚碳酸酯（PC）透明板和玻璃纤维加强聚乙烯（GR-PVC）透光板。如德国莱比锡博览新馆，其总面积 10 万 m^2，采用 20mm 厚玻璃屋顶，应用万象（活动）弹性球支座悬挂在钢管拱结构上，玻璃屋顶的跨度 80m，该工程 1996 年建成。

（4）提高阶段（1996-目前）

主要以智能型玻璃幕墙的现代化大型生态办公建筑为发展方向。智能型玻璃幕墙是指幕墙以一种动态的形式，根据外界气候环境的变化，自动调节幕墙的保温、遮阳通风设备系统，以达到最大限度降低建筑物所需的一次性能源，同时又能最大限度地创造出健康、舒适的室内环境。因此，各种"通风式幕墙"系统、"主动式幕墙"系统、"光电幕墙"系统及"生态幕墙"系统得到了发展和应用。

目前的智能型玻璃幕墙建筑，技术上主要是通过双层玻璃幕墙来实现。虽然双层玻璃幕墙本身一次性建设投资较大，但它一方面可以降低建筑能耗，保护生态环境；另一方面，建筑物所需能耗降低，可以减少建筑设备的一次性投入，特别是可以大量节约建筑运营成本。

随着科技的不断发展，特别是新技术、新工艺、新材料的创新和开发利用，未来的建筑幕墙将具有节能环保、可靠耐用、健康舒适及智能化等特点。

1.3　建筑幕墙的分类

根据建筑幕墙的发展历史和使用现状，可以从建筑幕墙的主要支承结构形式、密封状态和面板材料 3 个方面对其进行分类。我国国家标准《建筑幕墙》GB/T 21086 也是从这 3 个方面对建筑幕墙进行系统分类。

1.3.1　按主要支承结构形式分类

根据建筑幕墙的主要支承结构形式，幕墙可分为构件式、单元式、点支承、全波和双层幕墙 5 大类。

（1）构件式幕墙（Stick curtain wall）

构件式幕墙是指现场在主体结构上安装立柱、横梁和各种面板的建筑幕墙。构件式玻璃幕墙面板支承形式有明框幕墙、隐框幕墙和半隐框幕墙 3 种。

1）明框幕墙（exposed frame curtain wall）

明框幕墙一般指的是明框玻璃幕墙，即玻璃镶嵌在铝框内，成为四边有铝框的幕墙构件，幕墙构件镶嵌在横梁上，形成横梁立柱外露，铝框分格明显的立面。其特点是施工简单，形式传统，用量大，面广性能稳定，也易于被人们接受。

2）隐框幕墙（hidden frame curtain wall）

隐框玻璃幕墙是将玻璃面板用硅酮结构密封胶粘结在金属框上，室外看不见金属框，只能看见玻璃面板和面板之间的胶缝。其特点是简洁美观，结构玻璃装配组件与主框格完全分离。

3）半隐框幕墙（semi-hidden frame curtain wall）

半隐框玻璃幕墙分横隐竖明或竖隐横明两种。立柱外露，横梁隐蔽的称为竖明横隐幕墙；横梁外露，立柱隐蔽的称为竖隐横明幕墙。不论哪种半隐框幕墙，均为一对应边用结构胶粘接成玻璃装配组件，而另一对应边采用铝合金镶嵌槽玻璃装配的方法。换句话讲，玻璃所受各种荷载，有一对应边用结构胶传给铝合金框架，而另一对应边由铝合金型材镶嵌槽传给铝合金框架。半隐框幕墙安装简便，易于调整，容易适应施工现场情况变化，与隐框幕墙相比，增加了幕墙的稳定性。

（2）单元式幕墙

单元式幕墙，是指由各种墙面板与支承框架在工厂制成完整的幕墙结构基本单位，直接安装在主体结构上的建筑幕墙。单元式幕墙主要分为：单元式幕墙和半单元式幕墙又称竖梃单元式幕墙，半单元式幕墙又可分为：立梃分片单元组合式幕墙与窗间墙单元式幕墙。

单元式幕墙运用"雨幕原理"实现对插接缝防水构造的设计，在接缝部位内部设有空腔，其外表面的内侧的压力在所有部位上一直保持和室外气压相等，以使外表面两侧处于等压状态，即压力平衡。其中提到的外表面即"雨幕"。压力平衡的取得是有意使开口处于敞开状态，使空腔与室外空气流通，以达到压力平衡。

（3）点支承幕墙（point supported curtain wall）

点支承幕墙是由点支承装置将玻璃面板与支承结构连接组成的一组幕墙形式。点支承玻璃幕墙的支承结构只通过金属连接件与玻璃面板相连，所以其结构形式可以根据建筑物的造型和立面的需要进行设计和选择。其支承结构的多样性，能产生较好的艺术和视觉效果。

（4）全玻幕墙（full glass curtain wall）

全玻幕墙是指由玻璃面板和玻璃肋构成的建筑幕墙。全玻幕墙有落地式和吊挂式两种支承形式，玻璃面板背面辅以玻璃肋支承。

（5）双层幕墙（double skin facade）

双层幕墙又称热通道幕墙、呼吸式幕墙、通风式幕墙、节能幕墙等。由内外两层立面构造组成，形成一个室内外之间的空气缓冲层。外层可由明框、隐框或点支式幕墙构成。内层可由明框、隐框幕墙或具有开启扇和检修通道的门窗组成。也可以在一个独立支承结构的两侧设置玻璃面层，形成空间距离较小的双层立面构造。

双层幕墙一般可分为外循环式、内循环式以及综合内外循环的双层幕墙。其结合先进的遮阳系统可以提高建筑的隔热、保温效果，同时也具有良好的隔声效果，大大提高了室内环境的舒适度。

1.3.2　按密闭形式分类

按照密闭形式，建筑幕墙可分为封闭式建筑幕墙和开放式建筑幕墙两类。

（1）封闭式幕墙（sealed curtain wall）

封闭式建筑幕墙主要指具有阻止空气渗透和雨水渗透功能的建筑幕墙。

（2）开放式幕墙（open joint curtain wall）

指不要求具有阻止空气渗透和雨水渗透功能的建筑幕墙，包括遮挡式和开缝式两种。

1.3.3　按面板材料分类

建筑幕墙的面板材料多种多样，不仅包括常用的建筑玻璃、金属板和石材，还包括一些人造板和复合板材等，以及上述材料的组合形式。

（1）玻璃幕墙（glass curtain wall）

玻璃幕墙常用的玻璃有钢化、半钢化玻璃、中空玻璃、夹层玻璃、镀膜玻璃、贴膜玻璃、真空玻璃等。

（2）金属板幕墙（metal curtain wall）

金属板幕墙常用的金属板面板材有单层铝板、铝塑复合板、蜂窝铝板、彩色涂层钢板、搪瓷涂层钢板、锌合金板、不锈钢板和钛合金板等。

（3）石材幕墙（stone curtain wall）

石材幕墙常用的石材是花岗石和大理石。其主要连接形式有嵌入式、钢销式、平挂和穿透、蝶形式等。

（4）人造板材幕墙（artificial panel curtain wall）

人造板材幕墙常用的人造板有瓷板、陶板、微晶玻璃等。

（5）组合面板幕墙（composite curtain wall）

组合面板幕墙是指采用两种或两种以上面板材料组成的建筑幕墙系统。

1.4　建筑幕墙在我国的发展与应用

我国建筑幕墙工业从 20 世纪 80 年代初期开始起步，至今发展已 30 多年。根据中国建筑金属结构协会的调查统计，我国建筑幕墙的年产量从 2001 年的 1600 万 m² 增至 2012 年的 10200 万 m²，年均复合增长率 18.34%，已成为世界建筑幕墙第一生产大国。截至 2013 年 7 月，拥有一级建筑幕墙工程专业承包企业 291 家，甲级幕墙工程专项设计企业 298 家，分别占行业企业总数的 0.20% 和 0.21%。全国标志性工程和区域重点工程的大部分业务被幕墙 50 强企业承揽。从企业分布来看，2012 年建筑幕墙 50 强企业中，32 家位于华东地区，9 家位于华南地区。国内建筑幕墙行业年工程总产值由 2007 年的 720 亿元，提升到 2012 年的 2200 亿元，年均复合增长率 25.03%。

（1）我国幕墙工业的发展历程

第一代幕墙所应用的幕墙产品，大多为构件式幕墙，有独立的竖框及横栏构成幕墙面板的支撑格。

第二代幕墙所应用的幕墙产品，以单元式幕墙为代表，其为一种调制面板组成的框架支撑幕墙，面板在工厂制造，然后完整的运往建筑工地安装。第二代单元式幕墙的发展大大减低了建筑成本。

第三代幕墙所应用的幕墙产品，其大部分为单元式幕墙，并具有节能、应用新技术或多功能的特点。出于环保考虑，引进日光以减低供暖成本的技术以及降低散热成本的遮阳技术均为全球所需。新节能技术（如三层密封玻璃幕墙及太阳能控制玻璃幕墙即光伏幕墙）的发展预期将继续引领整个行业。此外，建筑师寻求各种特点的个性需求亦将继续影响幕墙行业，如光伏幕墙，以及不同颜色、大小、物料、涂层及质量水平的玻璃材料。

(2) 我国幕墙行业标准化

除了在建筑幕墙产业化方面的发展之外，在建筑幕墙标准化工作方面，建设部门和国家技术监督局先后颁布了多项标准和规范，对幕墙行业发展起到了规范和指导作用。我国于 1994 年颁布了《建筑幕墙物理性能分级》GB/T 15225—1994、《建筑幕墙空气渗透性能检测方法》GB/T 15226—1994、《建筑幕墙风压变形性能检测方法》GB/T 15227—1994 和《建筑幕墙雨水渗透性能检测方法》GB/T 15228—1994 国家标准，规定了建筑幕墙的物理性能分级和相应的实验室检测方法。1996 年，建设部发布了《建筑幕墙》JG 3035—1996 行业标准，标准中详细规定了幕墙的各项性能及材料质量要求；同年颁布了《玻璃幕墙工程技术规范》JGJ 102—2003 行业标准；2000 年及 2001 年又分别颁布了《建筑幕墙平面内变形性能检测方法》GB/T 18250—2000 和《建筑幕墙抗震性能振动台试验方法》GB/T 18575—2001 国家标准；随后，行业标准《金属与石材幕墙工程技术规范》JGJ 133—2001 及《玻璃幕墙工程质量检验标准》JGJ/T 139—2003 也分别颁布，对主要进场材料和工程质量进行了规定。

2005 年，《公共建筑节能设计标准》GB 50189—2005 颁布以及 2007 年颁布的《建筑节能工程施工质量验收规范》GB 50411—2007，对建筑能耗，建筑的可持续发展及开发节能环保的幕墙系统提出了更高要求。2007 年，原《建筑幕墙》JG 3035—1996 由行业标准升为国家标准《建筑幕墙》GB/T 21086—2007，同时，幕墙的三性检测方法也经过修订合并为《建筑幕墙气密、水密、抗风压性能检测方法》GB/T 15227—2007，《建筑幕墙平面内变形性能检测方法》GB/T 18250—2000 升级为《建筑幕墙层间变形性能分级及检测方法》GB/T 18250—2015，上述几个标准都是我国最新的建筑幕墙产品标准和物理性能检测方法标准，对推动我国建筑幕墙行业的健康发展起到至关重要的作用。

1.5 我国有关幕墙工程质量的管理规定

由于建筑幕墙主要起维护作用或装饰作用，不作为主要抵抗外荷载的受力构件，只承受直接作用在其面板上的作用和荷载及通过连接装置从建筑主体结构传递的作用和荷载，所以，建筑幕墙在受到外部强力作用下容易发生损坏，造成严重的财产和人员伤亡事故。我国政府和各级行政主管部门从建筑幕墙的初级发展阶段就开始制定了一系列行业管理办法来规范行业的健康发展。

1996 年 9 月 24 日，建设部建设监理司发出《关于开展玻璃幕墙质量情况调查的通知》（建监［1996］38 号）；

1996 年 12 月 3 日，建设部公布《建筑幕墙工程施工企业资质等级标准》 （建建

〔1996〕608号）；

1997年6月10日，建设部建设监理司发出《关于开展玻璃幕墙工程质量专项检查的通知》（建监质〔1997〕20号）；

1997年7月8日，建设部以建建〔1997〕167号文件颁布了《加强建筑幕墙工程管理的暂行规定》；

2000年6月30日，建设部发出"关于印发《建筑幕墙工程设计专项资质管理暂行办法》的通知"（建设〔2000〕126号）；

2005年7月8日，建设部发出《关于召开部分城市既有幕墙安全性能情况抽样调查座谈会的函》（建质技函〔2005〕78号）；

2006年12月5日，建设部下达了"关于印发《既有建筑幕墙安全维护管理办法》的通知"（建质〔2006〕291号）；

2013年7月23日，建设部关于批准《建筑幕墙通用技术要求及构造》的通知（建质〔2013〕113号）。

第 2 章　幕墙用材料质量要求及检测技术

2.1　玻　璃

2.1.1　概述

玻璃是现代门窗幕墙的主要使用材料。随着我省经济社会的快速发展和工业强省及城镇化带动战略的推行，建筑、交通、水利等各类建设工程项目建设速度的加快，对玻璃的需求日益加大，常用的玻璃品种有普通玻璃、钢化玻璃、夹层玻璃、中空玻璃、镀膜玻璃等。同时，玻璃的安全性能也日益引人注目，据相关报道，玻璃安全事故频发，经常引起不同的人事财务纠纷，这已成为社会的一大热点，为了减少玻璃破碎对人体的伤害，国家发改委、建设部、国家质量总局及国家工商总局联合制定了《建筑安全玻璃管理规定》（发改运行［2003］2116 号文）。该《规定》称，建筑物需要以玻璃作为建筑材料的下列部位必须使用安全玻璃：

（1）7 层及 7 层以上建筑物外开窗；

（2）面积大于 1.5m² 的窗玻璃或玻璃底边离最终装修面小于 500mm 的落地窗；

（3）幕墙（全玻幕墙除外）；

（4）倾斜装配窗、各类天棚（含天窗、采光顶）、吊顶；

（5）观光电梯及其外围护；

（6）室内隔断、浴室围护和屏风；

（7）楼梯、阳台、平台走廊的栏板和中庭内拦板；

（8）用于承受行人行走的地面板；

（9）水族馆和游泳池的观察窗、观察孔；

（10）公共建筑物的出入口、门厅等部位；

（11）易遭受撞击、冲击而造成人体伤害的其他部位。

该规定要求国内所有从事建筑安全玻璃生产、进口、销售和建筑物建设、设计、安装、施工、监理单位，应执行本规定要求。地市级以上（含地市级）城市自本《规定》实施之日起的新建、扩建、改造、装修及维修工程等建筑物，应按本规定要求使用安全玻璃，并且建设、施工单位采购用于建筑物的安全玻璃必须具有强制性认证标志且提供证书复印件。

2.1.2　普通玻璃

（1）分类及应用

根据《建筑安全玻璃管理规定》，玻璃幕墙必须采用钢化玻璃、夹层玻璃或由其组成的安全中空玻璃，普通玻璃的使用范围就变得越来越窄。本节中提到的普通玻璃指的是未经过钢化或半钢化的玻璃产品。

根据形成工艺可分为浮法玻璃、普通平板玻璃和压花玻璃等。

浮法玻璃：指熔融玻璃液从熔窑流出进入锡槽，在浮游状态下通过而制得的玻璃。与锡面接触的玻璃表面成为光滑的平面，非接触面也在玻璃表面张力和自重的作用下形成光滑平整的面。

普通平板玻璃：指垂直引上法和平拉法生产的平板玻璃。垂直引上法是指玻璃液直接从自由液面用垂直引上机向上拉引成玻璃带；平拉法是指玻璃液从成形池的自由液面连续地向上拉引，当玻璃带上升到一定高度时，借转向辊转为水平方向，随即进入退火窑。我国的浮法玻璃和普通平板玻璃的产品标准为《平板玻璃》GB 11614—2009。

压花玻璃：指用压延法生产的表面带有花纹图案的平板玻璃。我国的压花玻璃产品标准为《压花玻璃》JC/T 511—2002。

(2) 技术要求及检测

平板玻璃的技术要求主要为尺寸偏差、对角线差、厚度偏差、外观质量、弯曲度和光学性能。压花玻璃的技术要求也主要是尺寸偏差、对角线差、厚度偏差、外观质量和弯曲度等。

1) 尺寸测定

用最小刻度为 1mm 的钢卷尺，测量两条平行边的距离。

2) 厚度测定

用符合《外径千分尺》GB/T 1216 规定的精度为 0.01mm 的外径千分尺或具有相同精度的仪器，在距玻璃板边 15mm 内的四边中点测量。同一片玻璃厚薄差为四个测量值中最大值与最小值之差。

3) 对角线差的测定

用最小刻度为 1mm 的钢卷尺，测量玻璃板对应角顶点之间的距离。

4) 可见光透射比的测定

按 GB/T 2680 的规定进行测定。

5) 弯曲度的测定

将玻璃垂直放置，不施加外力，沿玻璃表面任意放置长 1000mm 的钢直尺，用符合 JB/T 7979 塞尺测量直尺边与玻璃板之间的最大间隙。

6) 外观质量的测定

① 气泡、夹杂物、线道、划伤及表面裂纹检测

在不受外界光线的影响下，将试样玻璃垂直放置在距屏幕（安装有数支 40W、间距为 300mm 的平行荧光灯，并且是黑色无光泽屏幕）600mm 的位置，打开荧光灯，距试样玻璃 600mm 处下面进行观察。气泡、夹杂物的长度测定用放大 10 倍、精度为 0.1mm 的读数显微镜测定。

② 光学变形检测

试样按拉引方向垂直放置，视线透过试样观察屏幕条纹，首先让条纹明显变形，然后慢慢转动试样直到变形消失，记录此时的入射角度。

③ 断面缺陷的检测

用钢直尺测定爆边、凹凸最大部位与板边之间的距离。缺角沿原角等分线向内测量。

2.1.3 钢化玻璃

（1）分类及应用

钢化玻璃指经过热处理工艺之后的玻璃。其特点是在玻璃表面形成压应力层，机械强度和耐热冲击强度得到提高，并具有特殊的碎片状态。

钢化玻璃按生产方法分为物理钢化玻璃和化学钢化玻璃。

物理钢化玻璃又称为淬火钢化玻璃。它是将普通平板玻璃在加热炉中加热到接近玻璃的软化温度（600℃）时，通过自身的形变消除内部应力，然后将玻璃移出加热炉，再用多头喷嘴将高压冷空气吹向玻璃的两面，使其迅速且均匀地冷却至室温，即可制得钢化玻璃。这种玻璃处于内部受拉，外部受压的应力状态，一旦局部发生破损，便会发生应力释放，玻璃被破碎成无数小块，这些小的碎片没有尖锐棱角，不易伤人。

化学钢化玻璃是通过改变玻璃表面的化学组成来提高玻璃的强度，一般是应用离子交换法进行钢化。其方法是将含有碱金属离子的硅酸盐玻璃，浸入到熔融状态的锂（Li^+）盐中，使玻璃表层的 Na^+ 或 K^+ 离子与 Li^+ 离子发生交换，表面形成 Li^+ 离子交换层，由于 Li^+ 的膨胀系数小于 Na^+、K^+ 离子，从而在冷却过程中造成外层收缩较小而内层收缩较大，当冷却到常温后，玻璃便同样处于内层受拉，外层受压的状态，其效果类似于物理钢化玻璃。

通常，建筑门窗幕墙用钢化玻璃是物理钢化玻璃。与普通玻璃相比，钢化玻璃可以承受更大的外部应变，其抗应变力的增加取决于对玻璃钢化处理的程度。其抗冲击强度是普通玻璃的 3～5 倍，有较强额抵抗外界投掷物冲击及人体冲击的能力；抗弯强度也是普通玻璃的 2～5 倍，具有较强的抗风荷载；其耐温度突变范围是 250～320℃，而普通玻璃仅为 70～100℃，因此钢化玻璃具有较强的耐温度突变能力。

（2）技术要求及检测

建筑用钢化玻璃应满足现行国家标准《建筑用安全玻璃 第二部分：钢化玻璃》GB 15763.2—2005 的要求。主要包括尺寸及外观要求、安全性能要求及一般性能要求。

尺寸及外观主要是尺寸及其允许偏差、厚度及其允许偏差、外观质量和弯曲度；安全性能包括抗冲击性、碎片状态和霰弹袋冲击性能；一般性能为表面应力和耐热冲击性能检测。

1）碎片状态

取 4 块样品进行检测，将试样自由平放在试验台上，并用透明胶带纸或其他方式约束玻璃周边，以防止玻璃碎片溅开。在试样的最长边中心线上距离周边 20mm 左右的位置，用尖端曲率半径为 0.2mm＋0.05mm 的小锤或冲头进行冲击，使试样破碎，保留碎片图案的措施应在冲击后 10s 后开始并且在冲击后 3min 内结束。

碎片计数时，应除去距离冲击点半径 80mm 以及距玻璃边缘或钻孔边缘 25mm 范围内的部分。从图案中选择碎片最大的部分，在这部分中用 50mm×50mm 的计数框计算框内的碎片数，每个碎片内不能有贯穿的裂纹存在，横跨计数框边缘的碎片按 1/2 个碎片计算。

取 4 块玻璃试样进行试验，每块试样在任何 50mm×50mm 区域内的最少碎片数必须满足表 2-1 的要求。且允许有少量长条形碎片，其长度不超过 75mm。

最少允许碎片数

表 2-1

玻璃品种	公称厚度/mm	最少碎片数/片
平面钢化玻璃	3	30
	4～12	40
	≥15	30
曲面钢化玻璃	≥4	30

2）抗冲击性

取 6 块尺寸为 610mm（－0mm，＋5mm）×610mm（－0mm，＋5mm）的平面钢化玻璃进行试验。使用直径为 63.5mm（质量约 1040g）表面光滑的钢球放在距离试样表面 1000mm 的高度，使其自由落下。冲击点应在距试样中心 25mm 的范围内。

试样破坏数不超过 1 块为合格，多于或等于 3 块为不合格。破坏数为 2 块时，再另取 6 块进行试验，试样必须全部不被破坏为合格。

3）霰弹袋冲击性能

取 4 块尺寸为 1930mm（－0mm，＋5mm）×864mm（－0mm，＋5mm）的长方形平面钢化玻璃。

用直径 3mm 的挠性钢丝绳把冲击体吊起，使冲击体横截面最大直径部分的外周距离试样表面小于 13mm，距离试样的中心在 50mm 以内，使冲击体最大直径的中心位置保持在 300mm 的下落高度，自由摆动落下，冲击试样中心点附近 1 次。若试样没有破坏，升高至 750mm，在同一试样的中心点附近再冲击 1 次，试样仍未破坏时，再升高至 1200mm 的高度，在同一块试样中心点附近冲击一次。

下落高度为 300mm，750mm 或 1200mm 试样破坏时，在破坏后 5min 之内，从玻璃碎片中选出最大的 10 块，称其质量。并测量保留在框内最长的无贯穿裂纹的玻璃碎片的长度。

试样试验后，应符合下列①或②中任意一条的规定：

① 玻璃破碎时，每块试样的最大 10 块碎片质量的总和不得超过相当于试样 $65cm^2$ 面积的质量，保留在框内的任何无贯穿裂纹的玻璃碎片的长度不能超过 120mm。

② 弹袋下落高度为 1200mm 时，试样不破坏。

4 块样品在下落高度为 300mm、750mm 或 1200mm 时安全破坏，或在下落高度为 1200mm 时不破坏为合格。

(3) 钢化玻璃常见缺陷

1）钢化自爆

由于玻璃中存在着微小的硫化镍结石，在热处理后一部分结石随着时间的推移会发生晶态变化，体积增大，在玻璃内部引发微裂纹，从而可能导致钢化玻璃自爆。

常见的减少这种自爆的方法有 3 种：

① 使用含较少硫化镍结石的原片，即使用优质原片；

② 避免玻璃钢化应力过大；

③ 对钢化玻璃进行二次热处理，通常称为引爆或均质处理。

2）钢化玻璃的应力斑

在偏振光或部分偏振光入射的情况下,以一定的距离和角度观察钢化玻璃时,在玻璃表面常常会看到一些斑纹,这些斑纹在玻璃板面上不同区域的颜色和明暗度的图案变化似有规律,这种斑纹就是我们通常说的"应力斑"。应力斑的产生与目前建筑钢化玻璃生产工艺有直接的关系。通常情况下,建筑钢化玻璃大多是用以空气为冷却介质制造的物理钢化玻璃。这种工艺是将玻璃加热到一定温度,然后高速风冷,在玻璃表面就会形成永久"冻结"压缩应力,从而提高了玻璃的抗冲击和耐温度急变性能。由于加热和冷却过程不均匀,在玻璃面板上产生了不同的应力分布,在偏振光照射下就会出现应力斑。

在实际应用中,对于建筑物的不同朝向部位,尤其是在背光或者阳光无法直接照射的一侧,照射到钢化玻璃表面的光线主要是阳光通过云层、地面或对面建筑物表面的反射或建筑物本身表面的多次反射后的反射光,这种光线主要是部分偏振光。

目前世界上还没有一个国家的标准对这种现象可以加以规定或限制,对于以风冷的物理钢化玻璃,通过适当的工艺控制和设备改造,可以减轻这种现象,但不能完全消除。

2.1.4 中空玻璃

(1) 分类及应用

中空玻璃是指两片或多片玻璃,使用高强度高气密性复合粘结剂,将玻璃片与内含干燥剂的铝合金框架粘结,制成的高效能隔声隔热玻璃。

中空玻璃按生产制造工艺可分为金属间隔条式中空玻璃、复合胶条式中空玻璃和热熔胶条式中空玻璃。其实金属间隔条式中空玻璃可采用铝间隔条、有机材料与不锈钢复合间隔条。常用的铝间隔条,称为槽铝式中空玻璃。但由于铝的热传导性好,中空玻璃边部通过铝框的传导产生热损失,使玻璃边部温度降低而形成"冷边",中空玻璃易在冷边外出现结霜、结露。而改进的不锈钢间隔条或胶条具有"暖边"效应,可以提高中空玻璃边部温度,改善其边部节能效果。

中空玻璃具有良好的密封性能、隔热性能、隔声性能和防结露结霜性能,被广泛应用与建筑门窗和幕墙,尤其是低辐射镀膜玻璃构成的中空玻璃,或者由非镀膜玻璃构成但内腔使用惰性气体的中空玻璃,其节能效果非常显著,应用越来越广泛。

(2) 技术要求及检测

中空玻璃的技术要求主要分为尺寸偏差及外观质量、露点、水气密封耐久性能、耐紫外辐照性能、初始气体含量、气体密封耐久性以及 U 值。

1) 露点

试样为制品或与制品相同材料、在同一工艺条件下制作的尺寸为 510mm×360mm 的样品 15 块。

向露点仪内注入深约 25mm 的乙醇或丙酮,再加入干冰,使其温度冷却到等于或低于−60℃,并在试验中保持该温度。将试样水平放置,在上表面涂一层乙醇或丙酮,使露点仪与该表面紧密接触,停留时间按表 2-2 的规定。

移开露点仪,立刻观察玻璃试样的内表面有无结露或结霜。

如无结霜或结露,露点温度视为−60℃。如结露或结霜,将试样放置到完全无结霜或结露后,提高温度继续测量,直至测量到−40℃,记录试样最低的不结露温度,该温度为试样的露点温度。

露点测试时间　　　　　　　　　　　　　　　　　　　　　　　　　　　　　　表 2-2

原片玻璃厚度/mm	接触时间/min
≤4	3
5	4
6	5
8	7
≥10	10

对于由 3 层玻璃组成的双中空玻璃露点测试应分别测试中空玻璃的两个表面。

2）耐紫外线辐照

试样为 2 块与制品相同材料、在同一工艺条件下制作的尺寸为 510mm×360mm 的平型中空玻璃样品。

在试验箱内放 2 块试样，试样中心与光源相距 300mm，在每块试样表面各放置冷却盘，然后连续通水冷却，进口水温保持在 16℃±2℃，冷却板进出口水温相差不得超过 2℃。紫外线连续照射 168h 后，将试样移出，在透射光或反射光照下距试样 1m 观察是否存在由于结雾而引起的干涉或散射。如果观察到玻璃内表面出现冷凝现象，将试样放到 23℃±2℃ 温度下存放一周后，擦净表面观察。

对于由 3 层玻璃构成的双中空玻璃，试验应分别照射玻璃的两个表面。

3）水气密封耐久性、初始气体含量、气体密封耐久性按《中空玻璃》GB/T 11944 检测；U 值按 GB/T 22476 方法计算或测定。

(3) 中空玻璃常见质量问题

1）密封胶厚度、宽度小，涂布不均匀，不连续

目前，生产和使用量最大的中空玻璃是金属间隔条式双道密封产品，出现密封胶涂布质量问题的情况最多。GB/T 11944 标准中要求双道密封产品的外层密封胶层厚度为 5～7mm，但有些产品第二道胶层厚度不足 5mm，甚至有的只有 2mm，远远低于国标要求。由于 GB/T 11944 标准对于双道密封结构第一道胶的厚度和宽度未进行明确规定，对密封胶的涂布质量也未进行规定，造成一些生产企业的密封胶涂布质量控制不规范，常出现丁基胶涂布不连续、不均匀，胶层厚度、宽度过小，密封胶之间及与玻璃之间没有很好的黏接，存在空隙和脱离的现象，特别是在产品的角部容易出现问题。

2）干燥剂的质量不合格、灌装量不足

中空玻璃的干燥剂应选用符合《3A 分子筛》GB/T 10504 标准要求的 3A 分子筛或者性能不低于 GB/T 10504 要求的其他干燥剂。但是目前中空玻璃干燥剂市场比较混乱，干燥剂产品从外观上看都非常相似，但质量上差异很大。一些干燥剂、分子筛生产商为了降低成本，在产品中掺假，在 3A 分子筛中掺杂其他分子筛或干燥剂，造成产品性能下降，还有的企业为了降低生产成本，干燥剂的罐装量过少，不足以吸附间隔腔的水汽，导致中空玻璃露点不符合要求。

3）紫外线辐照后玻璃内表面结雾

耐紫外线辐照性能是检验密封胶的抗老化性能的项目之一。将试样放置在 50℃±3℃ 环境中，在 300W 紫外灯下连续照射 168h，检查中空玻璃内表面是否出现雾状、油状物

等影响视线的水或有机挥发物。其常出现的质量问题是经照射后在玻璃内表面放置冷盘的区域出现雾状痕迹，并且1周后仍不退去。有的试样在试验后还出现了丁基胶"熔化"及第二道密封胶与玻璃脱离的现象。

2.1.5 夹层玻璃

（1）分类及应用

夹层玻璃是玻璃与玻璃和/或塑料、金属或非金属等材料，用中间层分隔并通过处理使其粘结为一体的复合材料的统称。常见主要为两层或三层玻璃，通过中间层粘接在一起，中间层材料主要有PVB、EVA、离子性中间层等。

由于夹层玻璃的特殊构造，使其在安全、保安防护、隔声、防火、防紫外线、隔热和隔声等方面有着优异的性能。中间层的存在，使普通夹层玻璃相对于普通玻璃的缓冲能力增强，从而提高其强度。

夹层玻璃按产品的用途可分为汽车用夹层玻璃、建筑用夹层玻璃、铁道车辆用夹层玻璃、船舶用夹层玻璃、航空夹层玻璃以及其他特殊夹层玻璃等。按产品的性能又可分为防弹夹层玻璃、防火夹层玻璃、电加温夹层玻璃、装饰夹层玻璃、光致变夹层玻璃和电磁屏蔽玻璃等。本教材主要介绍建筑用夹层玻璃。

（2）技术要求及检测

夹层玻璃的技术要求主要分为四大块：尺寸要求、外观要求、安全性能要求及一般性能要求。

尺寸要求主要为长度和宽度允许偏差、叠差、厚度、对角线差和弯曲度；外观要求主要是可视区的点、线缺陷、裂口、爆边以及脱胶等情况；安全性能主要涉及耐热性、耐湿性、耐辐照性、落球冲击剥离性能和霰弹袋冲击性能；一般性能则为光学性能和抗风压性能。

1）耐热性

将3块300mm×300mm的试样加热至100（-3，+0）℃，并保温2h，然后将试样冷却至室温。如果试样的两个外表面均为玻璃，也可将试样垂直浸入加热至100（-3，+0）℃的热水中2h，然后将试样从水中取出冷却至室温。为了避免热应力造成试样出现裂纹，也可将试样在65℃±3℃的温水中预热3min。

3块试样试验后允许试样存在裂口，超出边部或裂口13mm部分不能产生气泡或其他缺陷。3块试样全部符合要求时为合格，1块符合时不合格。当2块试样符合时，追加3块新试样重新进行试验，3块全部符合要求时合格。

2）耐湿性

将3块300mm×300mm的试样垂直置于密封的容器中历时336h，容器的温度保持在50℃±2℃，相对湿度为95±4％。在上述条件下试样表面不应产生任何水汽凝结现象。如果几块试样同时试验，试样之间应留适当的空隙。要防止容器顶板和壁面上的凝结水滴到试样上。

3块试样试验后超出原始边15mm、切割边25mm、裂口10mm部分应无气泡或其他缺陷（如脱胶、变色等）。3块试样全部符合要求时为合格，1块符合时不合格。当2块试样符合时，追加3块新试样重新进行试验，3块全部符合要求时合格。

3）耐辐照性

辐照前按 GB/T 5137.2—2002 的规定测定 3 块试验片（76mm×300mm）的可见光透射比，保护每块试样的一部分，使其免于辐照，然后，置试样于离灯轴 230mm 处的装置上，并使其长度方向上与灯轴平行。在整个试验中保持试样温度 45℃±5℃。试样面向灯的一面应是装车时朝外的一面。辐照时间为 100h。辐照后再测定每块试样辐照区的透射比。

3 块试样实验前后的可见光透射比相对变化率应不大于 3%，且试样试验后不可产生显著变色、气泡及浑浊现象。3 块试样全部符合要求时为合格，1 块符合时不合格。当 2 块试样符合时，追加 3 块新试样重新进行试验，3 块全部符合要求时合格。

4）落球冲击剥离性能

将 6 块试样（610mm×610mm）在试验前保存在规定的条件下至少 4h，取出后立即进行试验。试样放在试样支架上，试样的冲击面与钢球入射方向应垂直，允许偏差在 3°以内。将质量为 1040g 钢球放置于离试样表面 1200mm 高度的位置，自由下落后冲击点应位于以试样几何中心为圆心，半径为 25mm 的圆内，观察构成的玻璃有 1 块或 1 块以上破坏时的状态。如果玻璃没有破坏时，按下落高度 1200mm、1500mm、1900mm、2400mm、3000mm、3800mm、4800mm 的顺序，依次提升高度冲击，并观察每次玻璃破坏时的状态。若玻璃仍未破坏，用 2260g 钢球按相同程序进行冲击，并观察每次玻璃破坏时的状态。若玻璃还未破坏，按 GB/T 308 规定选取质量适当增大的钢球，按相同的程序冲击，观察玻璃破坏时的状态。

6 块试样试验后中间层不得断裂，不得因碎片剥离而暴露。当 5 块或 5 块以上符合时为合格，3 块或 3 块以上符合时为不合格。当 4 块试样符合时，追加 6 块新试样重新进行试验，6 块全部符合时为合格。

5）霰弹袋冲击性能

取材料、结构和公称厚度相同的 12 块试样（1930±2mm×864±2mm），每 4 块为一组，共 3 组。试验前保存在规定的条件下至少 12h.。试验从最低冲击高度开始，按照表 2-3 规定的高度进行冲击试验。每次冲击后，对试样状态进行检查。

试验后，试样状态包括：未破坏、安全破坏和非安全破坏。其中，安全破坏指破坏时试样同时符合下列要求：

① 破坏时，允许出现裂缝和碎裂物，但不允许出现使直径为 76mm 的球在 25N 力作用下通过的裂缝和开口；

② 在不同高度冲击后发生崩裂而产生碎片时，称量试验后 3min 内从试样上剥离下的碎片，碎片总质量不得超过相当于 100cm² 试样的质量，最大剥离碎片质量应小于 44cm² 面积内试样的质量。

满足上述条件的安全夹层玻璃，按表 2-3 进行分级。

Ⅱ-1 级：试样在冲击高度分别为 300mm，750mm 和 1200mm 冲击后，3 组试样均未破坏和/或安全破坏；

Ⅱ-2 级：试样在冲击高度分别为 300mm 和 750mm 冲击后，2 组试样均未破坏和/或安全破坏，但另 1 组试样在冲击高度为 1200mm 时，任意试样非安全破坏；

Ⅲ级：试样在冲击高度为 300mm 冲击后，1 组试样均未破坏和/或安全破坏，但另 1

组试样在冲击高度为 750mm 时，任意试样非安全破坏。

夹层玻璃霰弹袋冲击级别 表 2-3

冲击高度/mm	冲击级别		
	Ⅱ-1 级	Ⅱ-2 级	Ⅲ级
300	未破坏或安全破坏	未破坏或安全破坏	未破坏或安全破坏
750	未破坏或安全破坏	未破坏或安全破坏	非安全破坏
1200	未破坏或安全破坏	非安全破坏	—

2.1.6 镀膜玻璃

(1) 分类及应用

镀膜玻璃是在玻璃表面涂覆一层或多层金属、金属化合物或非金属化合物薄膜，以满足特定要求的玻璃制品。镀膜玻璃，可分为阳光控制镀膜玻璃、低辐射镀膜玻璃（Low-E）等。

阳光控制镀膜玻璃一般是在玻璃表面镀一层或多层诸如铬、钛或不锈钢等金属或其化合物组成的薄膜，使产品呈丰富的色彩，对于可见光有适当的透射率，对红外线有较高的反射率，对紫外线有较高吸收率，主要用于建筑和玻璃幕墙，适用于低纬度炎热地区，可以通过减少太阳光直接入射室内从而降低空调能耗，起到一定的节能作用。

低辐射镀膜玻璃是在玻璃表面镀由多层银、铜或锡等金属或其化合物组成的薄膜系，产品对可见光有较高的透射率，对红外线有很高的反射率，具有良好的隔热性能，主要用于建筑和汽车、船舶等交通工具，由于膜层强度较差，一般都制成中空玻璃使用。

(2) 技术要求及检测

镀膜玻璃的技术要求主要为尺寸偏差、外观质量、光学性能、辐射率、颜色均匀性及耐磨、耐酸、耐碱性能检测。

1) 光学性能

通常，镀膜玻璃的光学性能包括紫外线透射比、可见光透射比、可见光反射比、太阳光直接透射比、太阳光直接反射比、太阳能总透射比以及遮阳系数。

检测依据的方法标准是国家标准《建筑玻璃 可见光透射比、太阳光直接透射比、太阳能总透射比、紫外线透射比及有关窗玻璃参数的测定》GB/T 2680，该标准是修改采用 ISO 9050：1990。

2) 颜色均匀性

我们通常采用色差来表示颜色均匀性。色差指用数值的方法来表示两种颜色给人色彩感觉上的差别。1976 年，CIE 推荐了颜色空间及色差公式，CIE 1976 LAB 色空间，近似均匀的 CIELAB 三维色空间由直角坐标 L^*、a^*、b^* 构成，在这个坐标系统中，任意一种颜色都可以在图中找到相对应的位置，L^* 是明度指数，a^*、b^* 是色度指数，若两个色样样品都按 L^*、a^*、b^* 标定颜色，则两者之间的色差计各项单项色差可用公式计算出来。

3）耐磨、耐酸、耐碱性

耐磨、耐酸及耐碱性测定，都是为了考验在极端条件下，膜面与玻璃面结合的程度以及膜面的稳定性，按照标准《镀膜玻璃　第 1 部分：阳光控制镀膜玻璃》GB/T 18915.1来检测。

2.2　金属及其复合材料

2.2.1　铝合金型材

1. 铝合金型材基本概念

铝合金型材基材：是指表面未经过处理的铝合金建筑型材。

阳极氧化：阳极氧化是一种电解氧化过程，在该过程中，铝和铝合金的表面通常转化为一层氧化膜，这层氧化膜具有保护性、装饰性以及一些其他的功能特性。将金属或合金的制件作为阳极，采用电解的方法使其表面形成氧化物薄膜。金属氧化物薄膜改变了表面状态和性能，如表面着色，提高耐腐蚀性、增强耐磨性及硬度，保护金属表面等。例如铝阳极氧化，将铝及其合金置于相应电解液（如硫酸、铬酸、草酸等）中作为阳极，在特定条件和外加电流作用下，进行电解。阳极的铝或其合金氧化，表面上形成氧化铝薄层，其厚度为 5～30 微米，硬质阳极氧化膜可达 25～150 微米。阳极氧化后的铝或其合金，提高了其硬度和耐磨性，可达 250～500 千克/平方毫米，良好的耐热性，硬质阳极氧化膜熔点高达 2320K，优良的绝缘性，耐击穿电压高达 2000V，增强了抗腐蚀性能，在 $\omega=$ 0.03NaCl 盐雾中经几千小时不腐蚀。

电泳涂漆：是利用外加电场使悬浮于电泳液中的颜料和树脂等微粒定向迁移并沉积于电极之一的基底表面的涂装方法。具有涂层丰满、均匀、平整、光滑的优点，电泳漆膜的硬度、附着力、耐腐、冲击性能、渗透性能明显优于其他涂装工艺。

粉末喷涂：用喷粉设备（静电喷塑机）把粉末涂料喷涂到工件的表面，在静电作用下，粉末会均匀地吸附于工件表面，形成粉状的涂层；粉状涂层经过高温烘烤流平固化，变成效果各异（粉末涂料的不同种类效果）的最终涂层；粉末喷涂的喷涂效果在机械强度、附着力、耐腐蚀、耐老化等方面优于喷漆工艺，成本也比同效果的喷漆低。

氟碳漆喷涂：是一种静电喷涂，也是液态喷涂的方式。氟碳喷涂具有优异的抗褪色性、抗起霜性、抗大气污染（酸雨等）的腐蚀性，抗紫外线能力强，抗裂性强以及能够承受恶劣天气环境。是一般涂料所不及的。氟碳喷涂料是以聚偏二氟乙烯树脂为基料或配金属铝粉为色料制成的涂料。氟碳基料的化学结构中以氟/碳化合键结合。这种具有短键性质的结构与氢离子结合成为最稳定最牢固地结合，化学结构上的稳定与牢固使氟碳涂料的物理性质不同于一般涂料。

隔热型材：以隔热材料连接铝合金型材而制成的具有隔热功能的复合型材。俗称"断桥型材"，简单来讲，就是两个铝合金型材之间，加了一个"隔热带"，中断金属的传热功能。目前，常用的隔热型材符合方式有两种：一是浇注式隔热型材，把液态隔热材料注入铝合金型材浇注槽并固化，切除铝合金型材浇注槽内的临时连接桥使之断开金属连接，通过隔热材料将铝合金型材断开的两部分结合在一起复合而成的具有隔热功能的铝合金建筑型材；另一种是穿条式隔热型材，指通过开齿、穿条、滚压工序，将条形隔热材料穿入铝合金型材穿条槽内，并使之被铝合金型材牢固咬合的复合方式加工而成的具有隔热功能的铝合金建筑型材。

2. 建筑用铝合金型材基本要求及检测

（1）化学成分

铝合金化学成分的不同，会导致型材综合性能的较大差异。不同牌号的铝合金的化学成分应符合国标《变形铝及铝合金化学成分》GB/T 3190 和《建筑用铝合金型材》GB 5237 的相关规定。

化学成分分析可采用化学分析法和仪器分析法等方法进行，化学成分仲裁分析按 GB/T 20975 规定的方法进行。

（2）材质标准

铝合金建筑型材是铝合金门窗幕墙的主要材料，型材表面一般经阳极氧化、电泳涂漆、粉末喷涂、氟碳化喷涂处理。

（3）壁厚尺寸及偏差

根据标准 GB 5237.1，型材壁厚尺寸分为 A、B、C 3 种，除压条、压盖、扣板等需要弹性装配的型材之外，型材最小公称厚度应不小于 1.20mm。

（4）角度及允许偏差

图样上有标注，且能直接测量的角度，其角度偏差应符合 GB 5237.1—2008 中表 7 的规定，精度等级需在图样或合同中注明，未注明时，6060-T5，6063-T5，6063A-T5，6463-T5，6463A-T5 型材角度偏差按高精级执行，其他型材按普通级执行。

（5）型材的曲面间隙

对曲面间隙有要求时，应双方协商曲面弧样板。

（6）型材的平面间隙

型材的平面间隙应符合 GB 5237.1—2008 中表 9 的规定，精度等级需在图样或合同中注明，未注明时，6060-T5，6063-T5，6063A-T5，6463-T5，6463A-T5 型材平面间隙按高精级执行，其他型材按普通级执行。

（7）弯曲度

型材的弯曲度应符合 GB 5237.1—2008 中表 10 的规定，精度等级需在图样或合同中注明，未注明时，6060-T5，6063-T5，6063A-T5，6463-T5，6463A-T5 型材按高精级执行，其他型材按普通级执行。

（8）扭拧度

公称长度小于等于 7 m 的型材，扭拧度应符合 GB 5237.1—2008 中表 11 的规定。大于 7 m 时，双方协商。扭拧度精度等级要在图样或合同中注明，未注明时 6060-T5，6063-T5，6063A-T5，6463-T5，6463A-T5 型材按高精级执行，其他型材按普通级执行。

（9）长度

型材要求定尺时，应在合同中注明，公称长度小于等于 6m 时，允许偏差为 +15mm：长度大于 6m 时，允许偏差双方协商确定。以倍尺交货的型材，其总长度允许偏差为 +20mm 需要加锯口余量时，应在合同中注明。

（10）端头切斜度

型材端头切斜度不应超过 2°。

（11）外观质量

型材表面应整洁，不允许有裂纹、起皮、腐蚀和气泡等缺陷存在。

（12）力学性能

型材取样部位的实测壁厚小于 1.2mm 时，不测断后伸长率。拉伸试验按 GB/T 228—2002 规定的方法进行，维氏硬度试验按 GB/T 4340.1 规定的方法进行；韦氏硬度试验按 YS/T 420 规定方法进行。

3. 铝合金型材表面处理要求及检测

建筑用铝合金型材的表面处理方式，一般有阳极氧化、电泳喷涂、粉末喷涂和氟碳漆喷涂几种。其对应的标准分别为 GB 5237.2—2008、GB 5237.3—2008、GB 5237.4—2008、GB 5237.5—2008。

（1）阳极氧化膜

1）膜厚的测量，按 GB/T 8014.1 中规定的测量原则，采用 GB/T 4957 中的涡流测厚法或 GB/T 6462 中的横断面厚度显微镜法测量膜厚，仲裁测定按 GB/T 6462。平均膜厚和局部膜厚的测量说明参见 GB/T 8013。

2）封孔质量，封孔质量采用硝酸预浸的磷铬酸试验，按 GB/T 8753.1 规定方法进行，阳极氧化膜经硝酸预浸的磷铬酸试验，其质量损失值应不大于 $30mg/dm^2$。

3）颜色和色差，阳极氧化膜的颜色应与供应双方商定的色板基本一致，或处在供需双方商定的上、下限色标所限定的颜色范围之内。若需方要求采用仪器法测定阳极氧化膜的颜色，允许色差值应由供需双方商定。

4）对比色试样时，应将试样放在同一平面上。在接近垂直试样的方位、于散射的日光下，沿试样的加工方向观察试样颜色。照明的散射光源应位于观察者的上方和后面。光线照射的方向如下：在赤道北部，光线从北方照射；在赤道南部，光线从南方照射。其他具体检查方法按 GB/T 12976.6 的规定进行。

5）耐盐雾腐蚀性能，试验按 GB/T 12967.3 规定的方法进行，按 GB/T 6461 进行腐蚀结果的评级。

6）耐磨性，试验按 GB/T 8013.1—2007 中附录 A 规定的方法进行。

7）耐候性，①加速耐候性，经 313B 荧光紫外灯人工加速老化试验后，电解着色膜变色程度应至少达到 1 级，有机着色膜变色程度至少达到 2 级。具体色差级别应根据颜色的不同，由供需双方协商确定。采用 313B 荧光紫外灯人工加速老化试验测试，试验按 GB/T 12967.4 规定的方法进行，连续照射时间为 300h，按 GB/T 1766 评定氧化膜的变色程度。②自然耐候性，需方要求自然耐候性能时，试验条件和验收标准由供需双方商定，并在合同中注明。自然耐候性试验按 GB/T 9276 的规定执行。

8）外观质量，阳极氧化型材表面不允许有电灼伤、氧化膜脱落等影响使用的缺陷，但距型材端头 80mm 以内允许局部无膜，外观质量按 GB/T 12976.6 规定的方法检查外观。

（2）电泳涂漆

1）阳极氧化膜、复合膜局部膜厚、漆膜局部膜厚的测定按 GB/T 8014.1 中规定的测量原则，采用 GB/T 4957 中的涡流测厚法或 GB/T 6462 中的横断面厚度显微镜法测量膜厚、仲裁测定按 GB/T 6462。采用涡流测厚法测定漆膜局部膜厚时，可按下述任一顺序进行：①测出复合膜局部膜厚，然后减去测得的阳极氧化膜局部膜厚即为漆膜局部膜厚。②测出复合膜局部膜厚，然后用剥离剂或有关器具除去表面漆膜，再测出阳极氧化膜局部膜厚，两者之差为漆膜局部膜厚。

2）颜色、色差，颜色应与供需双方商定的色板基本一致。按 GB/T 12976.6 规定的目视测定法进行检查或用 GB/T 11186.2、GB/Y 11186.3 规定的仪器测定色差。

3）漆膜硬度，经铅笔划痕试验，A、B 漆膜硬度≥3H，S 级漆膜硬度≥1H。按 GB/T 6739 进行铅笔硬度试验，试验结果视表面漆膜划破情况评定。

4）漆膜附着性，漆膜干附着性和湿附着性均达到 0 级。干附着性测定时首先按 GB/T 9286 的规定划格，划格间距为 1mm，然后将粘着力大于 10N/25mm 的粘胶带覆盖在划格的漆膜上，压紧以排去粘胶带下的空气，以垂直于漆膜表面的角度快速拉起粘胶带，最后进行评级。

5）湿附着性测定时首先将试样按 GB/T 9286 的规定划格，划格间距为 1mm，然后置于 30℃±5℃符合 GB/T 6682 规定的三级水浸泡 24h，取出并擦干试样，最后在 5min 内按上述测定干附着性的试验方法测定并评级。

6）耐沸水性，经沸水性试验后，漆膜应无皱纹、裂纹、气泡、并无脱落或变色现象。耐沸水性的测定按以下顺序进行：①将符合 GB/T 6682 规定的三级水注入烧杯至约 80mm 深处，并在烧杯中放入 2～3 粒清洁的碎瓷片、在烧杯底部加热至水沸腾。②将试件悬立于沸水中煮 5h。试样应在水面 10mm 以下，但不能接触容器底部。在试验过程中保持水温不低于 95℃，并随时向杯中补充煮沸的符合 GB/T 6682 规定的三级水，以保持水面高度不小于 80mm。③取出并擦干试件，目视检查沸水试验后的漆膜表面（试样周边部分除外）。

7）耐磨性，耐磨性采用落砂试验，按 GB/T 8013.1 规定的方法进行落砂试验。

8）耐盐酸性，经耐盐酸性试验后，目视检查复合膜表面，不应有气泡及其他明显变化。用化学纯盐酸（$\rho=1.19g/mL$）和 GB/T 6682 规定的三级水配成盐酸试验溶液。在试样的漆膜表面滴上 10 滴盐酸试验溶液，用表面盖住，在 18～27℃的环境温度下放置 15min 后，用自来水洗净、晾干。目视检查试验后的漆膜表面。

9）耐碱性，经耐碱性试验后，保护等级（R）≥9.5 级。耐碱性测定按下列顺序进行：① 用酒精轻轻擦掉试样表面的污物，在有效面上用凡士林或石蜡把内径 32mm、高 30mm 的玻璃（或合成树脂）环固定，并密封其外周。②用 GB/T 629 规定的氢氧化钠和 GB/T 6682 规定的三级水配成浓度为 5g/L 的氢氧化钠试验溶液。③试样保持水平，在 20℃±2℃的试验温度下，将氢氧化钠试验溶液注入杯高的 1/2 处，用玻璃板或合成树脂板盖住。试验 24h 后，取走玻璃杯，用水轻轻洗净试样，在室内放置 1h 后，在试样上画一个与环同心，直径为 30mm 的圆。用 10 倍～15 倍放大镜观察圆圈内腐蚀情况，按照 GB/T 6461 评级，不同总缺陷面积的百分比相对应的等级符合标准中的相应规定。

10）耐砂浆性，经耐砂浆性试验后，目视检查复合膜表面，有无脱落或其他明显变化。耐砂浆性的测定按以下顺序进行：①取 JC/T 479 规定的石灰粉 75g 和符合 GB 5237.4 中规定的标准砂 225g，再加人大约 100g 符合 GB/T 6682 规定的三级水混合为糊状砂浆。②将糊状砂浆置于试样表面，堆成直径为 15mm、厚度为 6mm 的圆柱形在 38℃±3℃、相对湿度 95％±5％的环境中放量 24h。③去掉砂浆，用湿布擦掉表面残渣、晾干。目视检查漆膜表面。

11）耐溶剂性，经耐溶剂性试验，铅笔硬度差值≤1H。耐溶剂性测定按以下顺序进行：①首先按 GB/T 6739 进行铅笔硬度试验，试验结果按表面漆膜划破情况评定。在该试样未被铅笔划过的漆膜表面，放置饱浸二甲苯的棉条并保持 30s。②取下棉条，随即将试样用自来水冲洗干净并抹干，在室温下放置 2h，在棉条曾覆盖过的漆膜表面，按 GB/T 6739 进行铅笔硬度试验，试验结果按表面漆膜划破情况评定。③计算前后两次铅笔硬度的差值。

12）耐洗涤剂性，经耐洗涤剂性试验后，复合膜表面不应有气泡、脱落或其他明显变化。①将洗涤剂（53％污水焦磷酸钠、29％污水硫酸钠、20％十二烷基磺酸钠、7％水合硅酸钠、1％污水碳酸钠）和 GB/T 6682 规定的三级水配制成浓度为 30g/L 的洗涤剂试验溶液。将试样置于 30℃±1℃的洗涤剂试验溶液中 72h，取出并擦干试样。②立即将粘着力大于 10N/25mm 的粘胶带覆盖在漆膜表面上，压紧以排去粘胶带的空气，以垂直于漆膜表面的角度快速拉起粘胶带，目视检查漆膜表面。

13）耐盐雾腐蚀性，按 GB/T 10125 进行，至规定的试验时间后，按 GB/T 6461 评定试验结果，不同总缺陷面积的百分比相对应的保护等级。

14）耐湿热性，复合膜经 4000h 湿热试验后，其变化≤1 级。按 GB/T 1740 的规定进行试验，试验温度 47℃±1℃

15）耐候性，①加速耐候性，按 GB/T 1865 中方法的规定进行氙灯加速耐候试验。按 GB/T 9754 测量光泽值，按 GB/T 1766 评定粉化程度和变色程度。②自然耐候性，需方对自然耐候性有要求时，试验条件和验收标准由供需双方商定，并在合同中注明。自然耐候性按《涂层自然气候曝露试验方法》GB/T 9276 的规定进行试验。

16）外观质量，涂漆前型材的外观质量应符合 GB 5237.2 的有关规定。涂漆后的漆膜应均匀、整洁、不光源为 D65 标准光源。背景要求无光泽的黑色、灰色、不能用彩色背景。

(3) 粉末喷涂

1）光泽，按 GB/T 9754 规定，采用光泽计在 60°入射角测定光泽值。

2）颜色和色差，涂层颜色应与供需双方商定的样板基本一致。当使用色差仪测定时，单色涂层与样板间的色差 $\Delta E * ab \leq 1.5$，同一批（指交货批）型材之间的色差 $\Delta E * ab \leq 1.5$。粉末喷涂涂层颜色和色差的测定方法同电泳涂漆漆膜颜色和色差的测定方法。

3）涂层厚度，装饰面上涂层最下局部厚度≥40μm。由于挤压型材横截面形状的复杂性，致使型材某些表面（如内角、横沟等）的涂层厚度低于规定值是允许的。型材非装饰面如需喷涂，应在合同中注明。涂层厚度按 GB/T 4957 规定方法进行测量。至少应选择 5 个合适的测量点（每点约 1cm²）测定待测涂层的厚度，每个测点测 3～5 个读数。将平均值记为该点局部膜厚测量结果。

4）压痕硬度，涂层抗压痕性≥80。按《色漆和清漆 巴克霍尔兹压痕试验》GB/T 9275—1988 规定的方法进行测量涂层压痕硬度。

5）附着性，涂层的干附着性、湿附着性和沸水附着性均应达到 0 级。粉末喷涂层的附着性测定方法同电泳涂漆漆膜附着性的测定方法。

6）耐冲击性，经冲击试验，涂层无开裂或脱落现象。当供需双方商定采用具有某些特殊性能而耐冲击稍差的涂层时，允许冲击试验后的涂层有轻微开裂现象，单采用粘胶带进一步检验时，涂层表面应无粘落现象。采用直径为16mm±0.3mm的冲头，参照GB/T 1732规定的方法进行冲击试验：将重锤（1000g±1g）置于适当的高度自由落下冲击标准试板非涂层面，冲出深度为2.5mm±0.3mm的凹坑，目视观察试验后的涂层表面漆膜变化情况。对具有某些特殊性能，而耐冲击性稍差的涂层，应立即将粘着力大于10N/25mm的粘胶带覆盖在冲击试验后的涂层表面上，压紧以排去粘胶带下的空气，然后以垂直于涂层表面的角度快速拉起粘胶带，目视检查涂层表面有无粘落现象。

7）抗杯突性，经杯突试验，涂层无开裂或脱落现象。按GB/T 9753规定的方法，采用标准试板进行试验，压陷深度为5mm。对具有某些特殊性能，二抗杯突性稍差的涂层，应立即将粘着力10N/25mm的粘胶带覆盖在杯突试验后的涂层表面上，压紧以排去粘胶带下的空气，然后以垂直于涂层表面的角都快速拉起粘胶带，目视检查涂层表面有无粘落现象。

8）抗弯曲性，经抗弯曲试验，涂层表面无裂纹或脱落现象。按GB/T 6742规定的方法，采用标准试板进行试验。对具有某些特殊性能，而抗弯曲性稍差的涂层，应立即将粘着力大于10N/25mm的粘胶带覆盖在弯曲试验后的涂层表面上，压紧以排去粘胶带下的空气，然后以垂直于涂层表面的角都快速拉起粘胶带，目视检查涂层表面有无粘落现象。

9）耐磨性，经落砂试验，磨耗系数≥0.8L/μm。按GB/T 5237.4规定的方法进行落砂试验。

10）耐沸水性，经沸水性试验后，目视检查试验后的涂层表面，应无脱落。起皱等现象，但允许肉眼可见的、极分散的非常微小的气泡存在，并允许颜色和光泽稍有变化。粉末喷涂涂层的耐沸水测定方法同电泳涂漆漆膜耐沸水性的测定方法。

11）耐盐酸性，经耐盐酸性试验后，目视检查试验后的涂层表面，不应有脱落或其他明显变化。粉末喷涂涂层的耐盐酸性测定方法同电泳涂漆漆膜耐盐酸性的测定方法。

12）耐砂浆性，经耐砂浆性试验后，目视检查试验后的涂层表面，不应有气泡及其他明显变化。

13）耐溶剂性，耐溶剂性试验结果宜为3级或4级。粉末喷涂涂层的耐溶剂性按GB/T 5237.4附录规定的方法进行测定。

14）耐洗涤剂性，经耐洗涤剂性试验后，目视检查试验后的涂层表面，应无起泡、脱落或其他明显变化，粉末喷涂涂层的耐洗涤剂性测定方法同电泳涂漆漆膜耐洗涤剂性的测定方法。

15）耐盐雾腐蚀性，经1000h的乙酸盐雾试验后，目视检查试验后的涂层表面，划线两侧膜下单边渗透俯视宽度应不超过4mm。沿对角线在试样上划两条深至基材的交叉线，线段不贯穿试样对角，线段各端点与相应对角成等距离，然后按GB/T 10125进行乙酸盐雾试验，至规定的试验时间后，目视检查涂层表面，并检查膜下单边渗透的程度。

16）耐湿热性，经1000h的耐热试验后，目视检查试验后的涂层表面，应无起泡、脱落或其他明显变化，粉末喷涂涂层的耐湿热性测定方法同电泳涂漆漆膜耐湿热性的测定方法。

17) 耐候性，粉末喷涂涂层的耐候性测定方法同漆膜耐候性的试验方法。

18) 外观质量，型材装饰面上的涂层应平滑、均匀，不允许有皱纹、流痕、鼓泡、裂纹等影响使用的缺陷，允许有轻微的橘皮现象，其允许程度应由供需双方商定。粉末喷涂型材外观质量的检查方法同电泳涂漆型材外观质量的检查方法。

(4) 氟碳漆涂层

1) 光泽，涂层的 60° 光泽值应与合同规定一致，其允许偏差为 ±5 个光泽单位。氟碳漆涂层光泽度的测定方法同粉末喷涂光泽度的测定方法。

2) 颜色和色差，涂层颜色应与供需双方商定的样板基本一致。使用色差仪测定时，单色涂层与样板间的色差 $\Delta E * ab \leqslant 1.5$，同一批（指交货批）型材之间的色差 $\Delta E * ab \leqslant 1.5$。氟碳漆涂层颜色和色差的测定方法同电泳涂漆漆膜颜色和色差的测定方法。

3) 涂层厚度，氟碳漆涂层厚度的测定方法同粉末喷涂涂层厚度的测定方法。

4) 硬度，涂层经铅笔划痕试验，硬度 $\geqslant 1H$。氟碳漆涂层硬度的测定方法同电泳涂漆漆膜硬度的测定方法。

5) 附着力，涂层的干、湿和沸水附着性均应达到 0 级。氟碳漆涂层附着性测定方法同电泳涂漆漆膜附着性的测定方法。

6) 耐冲击性，经冲击试验后，受冲击的涂层允许有微小裂纹，但粘胶带上不允许有粘落的涂层。氟碳漆涂层耐冲击性的测定方法同粉末喷涂涂层耐冲击性的测定方法。

7) 耐磨性，经落砂试验，磨耗系数 $\geqslant 1.6L/\mu m$。氟碳漆涂层耐磨性的测定方法同粉末喷涂涂漆耐磨性的测定方法。

8) 耐盐酸性，经耐盐酸性试验后，目视检查试验后的涂层表面，不应有起泡及其他明显变化。氟碳漆涂层的耐盐酸性测定方法同电泳涂漆漆膜耐盐酸性的测定方法。

9) 耐硝酸性，单色涂层经耐硝酸性试验后，颜色变化 $\Delta E * ab \leqslant 5$。将 100mL 分析纯硝酸（密度为 1.40g/mL）注入一个 200mL 的大口瓶中，在 23℃ ±2℃ 温度下，将试样涂层面朝下盖在瓶口上，保持 30min 后取下试验，用自来水冲洗干净并擦干，放置 1h 后目视检查试验后的涂层表面。

10) 耐砂浆性，经耐砂浆性试验后，目视检查试验后的涂层表面，不应有脱落或其他明显变化。氟碳漆涂层的耐砂浆性测定方法同粉末喷涂涂层耐砂浆性的测定方法。

11) 耐溶剂型，经耐溶剂型试验后，涂层应无软化及其他明显变化。按 GB/T 5237.5 附录规定的方法进行耐溶剂型试验。

12) 耐洗涤剂性，经耐洗涤剂性试验后，目视检查试验后的涂层表面，应无起泡、脱落或其他明显变化。氟碳漆涂层的耐洗涤剂性测定方法同电泳涂漆漆膜耐洗涤剂性的测定方法。

13) 耐盐雾腐蚀性，经 4000h 中性盐雾试验后，划线两侧膜下单边渗透腐蚀宽度应不超过 2mm，划线两侧 2.0mm 以外部分的涂层不应有腐蚀现象。氟碳漆涂层的耐盐雾性测定方法同粉末喷涂涂层耐盐雾性的测定方法。

14) 耐湿热性，涂层经 4000h 湿热试验后，其变化 $\leqslant 1$ 级。氟碳漆涂层的耐湿热性测定方法同电泳涂漆漆膜耐湿热性的测定方法。

15) 耐候性。氟碳漆涂层的耐候性测定方法同漆膜耐候性的测定方法。

16) 外观质量，型材装饰面上的涂层应平滑、均匀，不允许有流痕、皱纹、起泡、脱落及其他影响使用的缺陷。氟碳漆喷涂型材外观质量的检查方法同电泳涂漆型材外观质量的检查方法。

4. 隔热型材质量要求及检测

GB/T 5237.6 规定了隔热铝合金建筑型材的技术要求和实验方法，适用于穿条试或浇注式复合的隔热铝合金建筑型材。JG/T 175 规定了建筑门窗幕墙用穿条滚压加工的建筑隔热铝合金型材的要求和实验方法。

2.2.2 钢材

钢材在门窗幕墙材料中占有很重要的地位。钢门窗的型材、大跨度幕墙工程的钢结构支承结构、幕墙与主体结构之间的连接件都采用钢材。门窗幕墙工程使用的钢材以碳素结构钢、低合金钢和耐候钢为主。

(1) 钢和钢材的分类

钢是对含碳量质量百分比介于 0.02% 至 2.11% 之间的铁碳合金的统称。钢的化学成分可以有很大变化，只含碳元素的钢称为碳素钢（碳钢）或普通钢；在实际生产中，钢往往根据用途的不同含有不同的合金元素，比如：锰、镍、钒等。

钢的分类方法多种多样，按碳含量的高低，钢可以分为低碳钢、中碳钢以及高碳钢；按化学成分，可分为碳素钢和合金钢；按成形方法可分为锻钢、铸钢、热轧钢和冷拉钢。

钢型材按外形可分为型材、板材、管材、金属制品 4 大类。

(2) 钢材材料性能要求

钢材材料性能直接影响着钢材的使用。其重要指标包括强度、硬度、塑性、韧性、可焊性、冷弯性能和耐久性。

1) 强度

强度是钢材力学性能的主要指标，包括屈服强度和抗拉强度。

屈服强度：是金属材料发生屈服现象时的屈服极限，即钢材开始发生明显塑性变形时的最低应力值。

抗拉强度：抗拉强度就是试样拉断前承受的最大标称拉应力。是金属由均匀塑性变形向局部集中塑性变形过渡的临界值，也是金属在静拉伸条件下的最大承载能力。

2) 硬度

硬度表示材料抵抗硬物体压入其表面的能力。它是金属材料的重要性能指标之一，硬度越高，耐磨性越好。常用的硬度指标有布氏硬度、洛氏硬度和维氏硬度。

3) 塑性

塑性是指在外力作用下，材料能稳定地发生永久变形而不破坏其完整性的能力。评价金属材料的塑性指标包括伸长率（延伸率）和断面收缩率。

金属在做抗拉实验时，试样断裂后，其断面标距部分所增长的长度与试样初始长度的百分比，称为伸长率。用符号 δ 表示。伸长率反映了材料塑性的大小，伸长率越大，塑性越大。断面收缩率是指材料在拉伸断裂后，断面最大缩小面积与原断面面积百分比。

4) 韧性

表示材料在塑性变形和断裂过程中吸收能量的能力。韧性越好，则发生脆性断裂的可能性越小。

5）可焊性

指金属材料在采用一定的焊接工艺包括焊接方法、焊接材料、焊接规范及焊接结构形式等条件下，获得优良焊接接头的难易程度。

焊接性能包括两方面的内容：①接合性能：金属材料在一定焊接工艺条件下，形成焊接缺陷的敏感性。决定接合性能的因素有：工件材料的物理性能，如熔点、导热率和膨胀率，工件和焊接材料在焊接时的化学性能和冶金作用等。当某种材料在焊接过程中经历物理、化学和冶金作用而形成没有焊接缺陷的焊接接头时，这种材料就被认为具有良好的接合性能；②使用性能：某金属材料在一定的焊接工艺条件下其焊接接头对使用要求的适应性，也就是焊接接头承受载荷的能力，如承受静载荷、冲击载荷和疲劳载荷等，以及焊接接头的抗低温性能、高温性能和抗氧化、抗腐蚀性能等。

6）冷弯性能

指金属材料在常温下能承受弯曲而不破裂的性能。弯曲程度一般用弯曲角度 α（外角）或弯心直径 d 对材料厚度 a 的比值表示，α 愈大或 d/a 愈小，则材料的冷弯性愈好。冷弯性能可衡量钢材在常温下冷加工弯曲时产生塑性变形的能力。

钢材的冷弯性能指标用试件在常温下能承受的弯曲程度表示。弯曲程度则通过试件被弯曲的角度和弯心直径对试件的厚度的比值来区分。试件采用的弯曲角度越大，弯心直径对试件厚度的比值越小，表示对冷弯性能的要求越高。冷弯试验试件的弯曲处会产生不均匀塑性变形，能在一定程度上揭示钢材是否存在内部组织的不均匀、内应力、夹杂物、未熔合和微裂纹等缺陷。因此，冷弯性能能反映钢材的冶炼质量和焊接质量。

7）耐久性

由于钢材的耐腐蚀性较差，使用时必须采用防护措施，避免腐蚀。随着使用的延长，钢材的力学性能将有所改变，出现"时效"现象，要根据结构的使用要求和所处的环境条件，必要时对钢材进行快速时效后测定钢材的冲击韧性，以鉴定钢材是否适用。

合金结构钢的牌号表示方法、化学成分和力学性能要求和试验方法见标准《低合金高强度结构钢》GB/T 1591 和《高耐候结构钢》GB/T 4171 的相关规定。碳素结构钢见标准《碳素结构钢》GB/T 700。

2.2.3　铝板及其复合板

铝合金金属幕墙应根据设计需要、适用目的及性能要求，分别选用单层铝板、铝塑复合板、铝蜂窝板等作为其装饰材料，其表面处理层厚度及材质应符合现行国家标准和行业标准，板材应达到国家相关标准及设计要求。根据防腐、装饰及建筑物的耐久年限的要求，对铝合金板材（单层铝板、铝塑复合板、铝蜂窝板）表面进行氟碳树脂喷涂处理，应符合下列规定：

（1）氟碳树脂含量不宜低于 70%，海边及严重酸雨地区，可采用三道或四道氟碳树脂涂层，其最小厚度应大于 30μm；其他地区，可采用两道氟碳树脂涂层，最小厚度应大于 23μm；

（2）氟碳树脂涂层应无起泡、裂纹、剥落等现象。

铝板及其复合板有以下几类：

（1）铝板

这里是指表面经过喷涂或其他工艺处理的建筑用铝板。由于铝板颜色丰富、装饰效果好，广泛应用与铝板金属幕墙。幕墙用单层铝板厚度不应小于 2.5mm。

（2）铝塑板

相关技术要求及检测可见标准《建筑幕墙用铝塑复合板》GB/T 17748—2016。

（3）铝蜂窝板

铝蜂窝板是指铝蜂窝为芯材，两面复合铝板的三层复合材料，并在装饰面上施加装饰性和保护性的涂层或膜。

（4）其他金属板材

金属幕墙上用到的金属板材还有彩色涂层钢材、锌合金板、钛合金板等，这些金属板材应符合相应的产品标准要求。

2.3 未增塑聚氯乙烯型材

未增塑聚氯乙烯（PVC-U）是一种热塑性材料，具有优良的成型加工工艺性能，可以加工出复杂的断面形状，例如可以设计出安装密封条、毛条的沟槽，用以保证窗框和窗扇之间、窗框与玻璃之间的密封，提高整窗的气密性能；还可以设计成玻璃压条、纱窗型材、拼接型材等具有多种功能的型材。是门窗幕墙中应用最为广泛的型材之一。

（1）型材分类和设计要求

PVC-U 型材的结构包括型材的断面结构和外形结构。型材的断面结构决定了型材的使用功能、物理性能和加工的难易程度；型材的外形结构决定了门窗的造型、外观和成本的高低。

1）PVC-U 型材的分类

PVC-U 型材按结构形状分，有中空型、开放型、复合型和实心型等。按空腔结构的复杂程度分，有单腔室、双腔室、三腔室及多腔室结构。按功能分，有主型材和辅助型材。

2）PVC-U 型材的设计要求

PVC-U 型材的结构应具有良好的力学性能，具有隔热保温、隔声、密封、排水等功能。也应具有良好的原料配方，良好的基础成型工艺和耐老化、抗冲击性能等。

3）PVC-U 型材的设计原则

PVC-U 型材断面结构应尽量简单，几何形状对称，力求壁厚均匀，符合高分子流变原理，以利于型材挤压成型，也应具有各种功能性沟槽，具有足够高的抗弯曲、抗冲击性能。

（2）性能要求及检测

2017 年 11 月 1 日我国发布了《门、窗用未增塑聚氯乙烯（PVC-U）型材》GB/T 8814—2017 标准，并从 2018 年 5 月 1 日起正式实施。在标准中，对门、窗用未增塑聚氯乙烯（PVC-U）型材的分类、要求、试验方法、检验规则、标志、包装、运输和贮存等方面进行了详细的规定。

1）外观

型材可视面的颜色应均匀，表面应光滑、平整、无明显凹凸，无杂质。型材端部应清洁、无毛刺；

2）尺寸和偏差

应符合 GB/T 8814—2017 中表 4、5 的规定；

3）主型材的质量

主型材每米长度的质量应不小于每米长度标称质量的 95%；

4）型材的直线偏差

长度为 1m 的主型材直线偏差应≤1mm。长度为 1m 的纱扇直线偏差应≤2mm；

5）加热后尺寸变化率

主型材两个相对最大可视面的加热后尺寸变化率为±2.0%；每个试样两可视面的加热后尺寸变化率之差应≤0.4%。辅型材的加热尺寸变化率为±3.0%；

6）主型材的落锤冲击

在可视面上破裂的试样数≤1 个。对于共挤的型材，共挤层不能出现分离；

7）150℃加热后状态

试样应无气泡、裂痕、麻点。对于共挤型材，共挤层不能出现分离；

8）老化

老化后冲击强度保留率≥60%；

9）主型材的可焊接性

焊角的平均应力≥35MPa，试样的最小应力≥30MPa。

将试样的两端放在活动的支撑座上，对焊角或 T 形接头施加压力，直到断裂为止。记录最大力，计算压弯曲应力。

2.4 密封材料

作为建筑的外围护结构，门窗幕墙除了承受自重之外，还要承受风荷载、地震和温差等作用。故其需具有优异的气密性能、水密性能、保温隔热性能和隔声性能等。因此，建筑门窗幕墙常采用多种密封材料来保证上述性能要求，如结构密封胶、建筑密封胶、密封胶条等。

2.4.1 硅酮结构密封胶

（1）硅酮结构密封胶的分类与应用

高性能硅酮结构胶密封胶是一种中性固化、专为建筑幕墙中的结构粘结装配而设计的。可在较广泛气候条件下挤出使用，依靠空气中的水分固化成优异、耐用的高模量、高弹性的硅酮橡胶。

结构玻璃装配使用的硅酮结构密封胶的主要成分是聚硅氧烷，由于紫外线不能破坏硅氧键，所以硅酮结构密封胶具有良好的抗紫外线功能，化学成分稳定，在门窗幕墙中应用最为广泛。首要用于玻璃幕墙的金属和玻璃间结构或非结构性粘合装配。其次它能将玻璃直接和金属构件表面连接构成单一装配组件，满足全隐或半隐框的幕墙设计要求。三是中空玻璃的结构性粘接密封。

硅酮结构密封胶可分为单组分型和双组分型两种。如杭州之江 JS6000、硅宝 999 是单组分型，杭州之江 JS8000、硅宝 992 为双组分。

单组分包装大多都是支装的，容量有限，使用方法简便，适合工地施工，双组分是由 AB 组分组成，A 组为硅酮胶（白色），B 组为固化剂（黑色），养护期短，贮存稳定性好，深层固化，连续打胶和价格都优于单组分产品，但打胶过程必须使用专用的打胶设备。

（2）硅酮结构密封胶性能要求及检测

硅酮结构密封胶的性能指标要求及试验方法见标准《建筑用硅酮结构密封胶》GB 16776—2005。

2.4.2　建筑密封胶

建筑密封胶主要有硅酮密封胶、丙烯酸酯密封胶、聚氨酯密封胶和聚硫胶等。

《硅酮建筑密封胶》GB/T 14683—2017 规定了镶装玻璃和建筑接缝用密封胶的产品分类、要求和性能试验方法；《聚氨酯建筑密封胶》JC/T 482—2003 规定了建筑接缝用聚氨酯建筑密封胶的产品分类、要求和性能试验方法；《石材用建筑密封胶》JC/T 883—2001 对石材用建筑密封胶的技术要求和试验方法做出了规定。

2.4.3　密封胶条

建筑门窗用密封胶条一般是指用在建筑门窗构件，如玻璃和压条、玻璃和扇、框与扇以及扇与扇等结合部位上，能够防止内、外介质（雨水、空气、沙尘等）泄露或侵入，或者能防止机械的振动、冲击和损伤，从而达到密封、隔声、绝热和绝缘等作用。

目前，适用于制作密封胶条的材料主要有三大类：橡胶、塑料和橡胶塑料共混材料。橡胶材料主要有氯丁橡胶、硅橡胶和三元乙丙橡胶等。我国现在以改性塑料材料为主，主要有增塑聚氯乙烯、增塑聚丙烯和三元乙丙橡胶。

三元乙丙橡胶密封条是目前门窗幕墙工程中常用的一种密封胶条产品，其具有以下特点：优异的耐臭氧性、耐氧化性、耐候性、耐热性和耐化学药品性能；优异的耐低温性能；重量轻，高填充性。

2.4.4　其他密封材料

毛条是门窗密封材料的一种，主要用于框和扇之间的密封。玻璃幕墙也可采用聚乙烯泡沫作填充材料，采用岩棉、矿棉、玻璃棉、防火板等不燃性和难燃性材料作隔热保温材料，同时采用铝箔和塑料薄膜包装的复合材料，作为防水的防潮材料。

2.5　石材及人造板材

2.5.1　石材

（1）石材的分类及检测

石材幕墙饰面用板材主要有花岗石、大理石、石灰石、石英砂岩等天然石材。

花岗石是指以花岗岩为代表的一类建筑装饰石材，包括各类岩浆岩和花岗质的变质岩。花岗石以石英、长石和云母为主要成分。其中长石含量为 $40\%\sim60\%$，石英含量为 $20\%\sim40\%$，其颜色决定于所含成分的种类和数量。花岗石为全结晶结构的岩石，优质花岗石晶粒细而均匀、构造紧密、石英含量多、长石光泽明亮。物理特点主要表现如下：多孔性/渗透性：花岗岩的物理渗透性几乎可以忽略不计，在 $0.2\%\sim4\%$ 之间；热稳定性：花岗岩具有高强度的耐热稳定性，它不会因为外界温度的改变而发生变化，花岗岩因其密度很高而不会因温度及空气成分的改变而发生变化。花岗岩具有很强的抗腐蚀性，因此很广泛的被运用在储备化学腐蚀品上。

大理石地壳中原有的岩石经过地壳内高温高压作用形成的变质岩，地壳的内力作用促使原来的各类岩石发生质的变化的过程。质的变化是指原来岩石的结构、构造和矿物成分的改变，经过质变形成的新的岩石类型称为变质岩。大理石主要由方解石、石灰石、蛇纹石和白云石组成，其主要成分以碳酸钙为主，约占 50% 以上。其他还有碳酸镁、氧化钙、氧化锰及二氧化硅等。大理石颜色很多，通常有明显的花纹，矿物颗粒很多。摩氏硬度在 2.5 到 5 之间。由于大理石一般都含有杂质，而且碳酸钙在大气中受二氧化碳、碳化物、水气的作用，也容易风化和溶蚀，而使表面很快失去光泽。

相关技术要求及检测可见标准《天然饰面石材试验方法》GB/T 9966.1～9966.7—2001 和 GB/T 9966.8—2008。

(2) 干挂石材挂装强度和结构强度

干挂石材在具体的工程中与使用的挂件组成挂件组合单元的挂装强度，以及与使用的挂件组成挂装系统的结构强度应符合设计要求，正常情况下挂件组合的挂装强度不低于 2.80kN，挂装系统的结构强度不低于 5.00kPa。

2.5.2　人造板材

目前，人造板材在建筑幕墙中应用也越来越多，常用的人造板材有瓷板、微晶玻璃、陶土板等。

建筑幕墙用瓷板是吸水率不大于 0.5% 的瓷质板，包括抛光版、毛面板和釉面板。干挂陶瓷板幕墙系统的锚固方式主要有插销式、扣槽式、背栓式和背槽式几种。

微晶玻璃是利用玻璃热处理生产设备，采用玻璃熔剂加入晶核熔融压制成型，经过特殊的热处理使玻璃晶化而成。作为建筑幕墙的饰面材料应符合 JC/T 872—2000 的要求。

陶板是以天然陶土作为主要原料，添加少量石英、浮石、长石及色料等其他成分，经过高压挤出成型、低温干燥及 1200℃ 的高温烧制而成，具有绿色环保、无辐射、色泽温和、不会带来光污染等特性。用于幕墙饰面的陶板应符合 GB/T 4100 和 JGJ 126 的要求。

第3章 建筑幕墙物理性能要求及检测

3.1 建筑幕墙物理性能试验现状

我国的建筑幕墙工业起步于20世纪80年代，相较于此，我国的建筑幕墙检测设备研发和检测技术研究90年代初才开始起步，相对比较落后。1994年，国内检测机构开始引进日本的建筑幕墙检测设备并进行了更新改造。经过了20多年的发展，我国幕墙的性能检验基本实现制度化，各省市纷纷建立规章制度，认定检测机构，将幕墙设计、制造和安装过程中可能出现的问题通过性能检验加以解决，通过几千次的幕墙试验，我国已摸索出整套幕墙设计理论，为完善幕墙系统技术提供了可靠的保证。

我国于1994年颁布了《建筑幕墙物理性能分级》GB/T 15225—1994、《建筑幕墙空气渗透性能检测方法》GB/T 15226—1994、《建筑幕墙风压变形性能检测方法》GB/T 15227—1994和《建筑幕墙雨水渗透性能检测方法》GB/T 15228—1994国家标准，规定了建筑幕墙的物理性能分级和相应的实验室检测方法。1996年，建设部发布了《建筑幕墙》JG 3035—1996行业标准，标准中详细规定了幕墙的各项性能及材料质量要求；同年颁布了《玻璃幕墙工程技术规范》JGJ 102—2003行业标准；2000年及2001年又分别颁布了《建筑幕墙平面内变形性能检测方法》GB/T 18250—2000和《建筑幕墙抗震性能振动台试验方法》GB/T 18575—2001国家标准。2007年，原《建筑幕墙》JG 3035—1996由行业标准升级为国家标准《建筑幕墙》GB/T 21086—2007，同时，幕墙的三性检测方法也经过修订合并为《建筑幕墙气密、水密、抗风压性能检测方法》GB/T 15227—2007，《建筑幕墙平面内变形性能检测方法》GB/T 18250—2000升级为《建筑幕墙层间变形性能分级及检测方法》GB/T 18250—2015，增加了平面外和垂直方向变形性能的要求及检测方法。这些标准的颁布与实施，对推动我国建筑幕墙行业的健康发展起到至关重要的作用。

3.2 建筑幕墙物理性能要求

3.2.1 气密性能

气密性是建筑幕墙的最基本的物理性能之一，建筑的通风换气要求幕墙需开设开启窗，这就必然产生开启窗扇和窗框之间的开启缝隙，另外，建筑幕墙是由多种构件组装而成的，必定存在安装缝隙，在室内外压差作用下，这些缝隙就会出现空气渗透现象，就会引起室内温度波动，造成资源浪费，同时也会影响室内环境卫生，给人们的生产、生活和工作带来一定干扰。所以，保证幕墙的气密性是进行幕墙设计和施工的重要作用内容之一。

建筑幕墙的气密性能应符合 GB 50176、GB 50189、JGJ/T 132、JGJ 134 和 JGJ 26 的有关规定，并满足相关节能标准的要求，一般情况见表 3-1 和 3-2。

建筑幕墙开启部分气密性能分级 　　表 3-1

分级代号	1	2	3	4
分级指标值 q_L(m³/m·h)	$4.0 \geqslant q_L > 2.5$	$2.5 \geqslant q_L > 1.5$	$1.5 \geqslant q_L > 0.5$	$q_L \leqslant 0.5$

建筑幕墙整体气密性能分级 　　表 3-2

分级代号	1	2	3	4
分级指标值 q_A(m³/m²·h)	$4.0 \geqslant q_A > 2.0$	$2.0 \geqslant q_A > 1.2$	$1.2 \geqslant q_A > 0.5$	$q_A \leqslant 0.5$

3.2.2 水密性能

水密性能是指幕墙可开启部分为关闭状态时，在风雨同时作用下，阻止雨水渗透的能力。

建筑幕墙的水密性指标按如下方法确定：

（1）GB 50178 中，热带风暴和台风多发地区按式（3-1）计算，且固定部分宜小于 1000Pa，开启部分与固定部分同级。

$$P = 1000U_zU_sW_0 \qquad\qquad 式（3-1）$$

式中　P——水密性能指标，Pa；

　　　W_0——基本风压，kN/m²；

　　　U_z——风压高度变化系数；

　　　U_s——风力系数，取 1.2。

（2）其他地区可按第（1）条计算的 75% 进行设计，且固定部分取值不宜低于 700Pa，可开启部分与固定部分同级。水密性分级指标值见表 3-3。

建筑幕墙水密性能分级 　　表 3-3

分级指标值 ΔP(Pa)		1	2	3	4	5
	固定部分	$500 \leqslant \Delta P < 700$	$700 \leqslant \Delta P < 1000$	$1000 \leqslant \Delta P < 1500$	$1500 \leqslant \Delta P < 2000$	$\Delta P \geqslant 2000$
	开启部分	$250 \leqslant \Delta P < 350$	$350 \leqslant \Delta P < 500$	$500 \leqslant \Delta P < 700$	$700 \leqslant \Delta P < 1000$	$\Delta P \geqslant 1000$

3.2.3 抗风压性能

幕墙的抗风压性能指标应根据幕墙所受的风荷载标准值 W_k 确定，其指标值不应低于 W_k 且不应小于 1.0kPa，W_k 的计算应符合 GB 50009 的规定。

在抗风压性能指标值作用下，幕墙的支承体系和面板的相对挠度和绝对挠度不应大于标准要求。抗风压性能分级指标见表 3-4。

建筑幕墙抗风压性能分级　　　　　　　表 3-4

分级代号	1	2	3	4	5	6	7	8	9
分级指标值 $P3$(kPa)	$1.0{\leqslant}P3$ <1.5	$1.5{\leqslant}P3$ <2.0	$2.0{\leqslant}P3$ <2.5	$2.5{\leqslant}P3$ <3.0	$3.0{\leqslant}P3$ <3.5	$3.5{\leqslant}P3$ <4.0	$4.0{\leqslant}P3$ <4.5	$4.5{\leqslant}P3$ <5.0	$P3{\geqslant}5.0$

注：1）9 级时需同时标注 $P3$ 的测试值，如：属 9 级（5.5kPa）；

　　2）分级指标值 $P3$ 为正、负风压测试值绝对值的较小值。

3.2.4　层间变形性能

通过静力加载装置，模拟主体结构受地震、风荷载等作用时产生 X 轴、Y 轴、Z 轴或组合位移变形，使幕墙试件发生反复层间位移，以检测幕墙对层间变形的承受能力。变形性能分级见表 3-5。

建筑幕墙层间变形性能　　　　　　　表 3-5

分级指标	分级代号				
	1	2	3	4	5
γ_x	$1/400{\leqslant}\gamma_x<1/300$	$1/300{\leqslant}\gamma_x<1/200$	$1/200{\leqslant}\gamma_x<1/150$	$1/150{\leqslant}\gamma_x<1/100$	$\gamma_x{\geqslant}1/100$
γ_y	$1/400{\leqslant}\gamma_y<1/300$	$1/300{\leqslant}\gamma_y<1/200$	$1/200{\leqslant}\gamma_y<1/150$	$1/150{\leqslant}\gamma_y<1/100$	$\gamma_y{\geqslant}1/100$
δ_z/mm	$5{\leqslant}\delta_z<10$	$10{\leqslant}\delta_z<15$	$15{\leqslant}\delta_z<20$	$20{\leqslant}\delta_z<25$	$\delta_z{\geqslant}25$

注：5 级时应注明相应的数值，组合层间位移检测时分别注明级别。

3.2.5　热工性能

建筑幕墙传热系数应按 GB 50176 的规定确定，并满足 GB 50189、JGJ/T 132、JGJ 134、JGJ 26 和 JGJ 75 的要求，玻璃（或其他透明材料）幕墙遮阳系数应满足 GB 50189 和 JGJ 75 的要求。幕墙的传热系数应按相关规范进行设计计算。幕墙在规定的环境条件下应无结露现象；对热工性能有较高要求的建筑，可进行现场热工性能试验。幕墙传热系数分级指标 K 应符合表 3-6，玻璃幕墙的遮阳系数分级指标见表 3-7。

建筑幕墙传热系数分级　　　单位：W/(m²·K)　　　表 3-6

分级代号	1	2	3	4
分级指标值 K	$K{\geqslant}5.0$	$5.0>K{\geqslant}4.0$	$4.0>K{\geqslant}3.0$	$3.0>K{\geqslant}2.5$
分级代号	5	6	7	8
分级指标值 K	$2.5>K{\geqslant}2.0$	$2.0>K{\geqslant}1.5$	$1.5>K{\geqslant}1.0$	$K<1.0$

注：8 级时需同时标注 K 的测试值。

玻璃幕墙遮阳系数分级　　　　　　　表 3-7

分级代号	1	2	3	4
分级指标值 SC	$0.9{\geqslant}SC>0.8$	$0.8{\geqslant}SC>0.7$	$0.7{\geqslant}SC>0.6$	$0.6{\geqslant}SC>0.5$
分级代号	5	6	7	8
分级指标值 SC	$0.5{\geqslant}SC>0.4$	$0.4{\geqslant}SC>0.3$	$0.3{\geqslant}SC>0.2$	$SC{\leqslant}0.2$

注：1）8 级时需同时标注 SC 的测试值；

　　2）玻璃幕墙遮阳系数＝幕墙玻璃遮阳系数×外遮阳的遮阳系数×（1−非透光部分面积/玻璃幕墙总面积）。

3.2.6　空气声隔声性能

空气隔声性能以计权隔声量作为分级指标，应满足室内声环境的需要，符合 GB 50118 的规定。空气声隔声性能分级指标 R_w 应符合表 3-8。开放式建筑幕墙的空气声隔声性能应符合设计要求。

建筑幕墙空气声隔声性能分级表　　　　表 3-8

分级代号	1	2	3	4	5
分级指标值 R_w/dB	$25 \leqslant R_w < 30$	$30 \leqslant R_w < 35$	$35 \leqslant R_w < 40$	$40 \leqslant R_w < 45$	$R_w \geqslant 45$

注：5 级时需同时标注 R_w 测试值。

3.2.7　耐撞击性能

耐撞击性能应满足设计要求，人员流动密度大或青少年、幼儿活动的公共建筑的建筑幕墙，耐撞击性能指标不应小于表 3-9 中 2 级。撞击能量 E 和撞击物体的降落高度 H 分级指标和表示方法应符合要求。

建筑幕墙耐撞击性能分级　　　　表 3-9

分级代号		1	2	3	4
室内侧	撞击能量 E/N·m	700	900	>900	—
	降落高度 H/mm	1500	2000	>2000	—
室外侧	撞击能量 E/N·m	300	500	800	>800
	降落高度 H/mm	700	1100	1800	>1800

注：1）性能标注时应按：室内侧定级值/室外侧定级值。例如：2/3 室内 2 级，室外 3 级；
　　2）当室内侧定级值为 3 级时标注撞击能量实际测试值，当室外侧定级值为 4 级时标注撞击能量实际测试值。例如：1200/1900 表示室内 1200N·m，室外 1900N·m。

3.2.8　光学性能

对有采光功能要求的建筑幕墙，其透光折减系数 T_T 不应低于 0.45。有辨色要求的幕墙，其颜色透视指数不宜低于 Ra80。建筑幕墙的采光性能分级指标 T_T 应符合表 3-10 要求。玻璃幕墙的光学性能应满足《玻璃幕墙光热性能》GB/T 18091 的要求。

建筑幕墙采光性能分级表　　　　表 3-10

分级代号	1	2	3	4	5
分级指标值 T_T	$0.2 \leqslant T_T < 0.3$	$0.3 \leqslant T_T < 0.4$	$0.4 \leqslant T_T < 0.5$	$0.5 \leqslant T_T < 0.6$	$T_T \geqslant 0.6$

注：5 级时需同时标注 T_T 的测试值。

3.2.9　抗震性能

建筑幕墙的抗震性能应满足现行《建筑抗震设计规范》GB 50011 的要求。满足所在地抗震设防烈度的要求。对有抗震设防要求的建筑幕墙，其试验样品在设计的试验峰值加速度条件下不应发生破坏。幕墙具备下列条件之一时应进行振动台抗震性能试验或其他可行的验证试验：

（1）面板为脆性材料，且单块面板面积或厚度超过现行标准或规范的限制；

（2）面板为脆性材料，且与后部支承结构的连接体系为首次应用；

（3）应用高度超过标准或规范规定的高度限制；

（4）所在地区为9度以上（含9度）设防烈度。

3.2.10　防火性能

建筑幕墙应按建筑防火设计分区和层间分隔等要求采取防火措施，设计应符合《建筑设计防火规范》GB 50016 的有关规定。幕墙应考虑火灾情况下救援人员的可接近性，必要时救援人员应能穿过幕墙实施救援。幕墙所用材料在火灾期间不应释放危及人身安全的有毒气体。应符合 JGJ 102 和 JGJ 133 的规定。

3.2.11　防雷性能

建筑幕墙的防雷设计应符合《建筑物防雷设计规范》GB 50057 的有关规定，幕墙金属构件之间应通过合格的连接件（防雷金属连接件应具有防腐蚀功能，其最小横截面面积应满足：铜 $25mm^2$、铝 $30mm^2$、钢材 $48mm^2$）连接在一起，形成自身的防雷体系并和主体结构的防雷体系有可靠的连接。幕墙框架与主体结构连接的电阻不应超过 1Ω，连接与主体结构的防雷接地柱的最大距离不宜超过 10m。应符合 JGJ 102 和 JGJ 133 的规定。

3.2.12　其他性能

幕墙应能承受自重和设计时规定的各种附件的重量，并能可靠地传递到主体结构。在自重标准作用下，水平受力构件在单块面板两端跨距内的最大挠度不应超过该面板跨距的 1/500，且不超过 3mm。

结构设计使用年限不宜低于 25 年。

3.3　建筑幕墙气密性能检测

3.3.1　基本概念

压力差：幕墙试件室内，外表面所受到的空气绝对压力差值。当室外表面所受的压力高于室内表面所受的压力时，压力差为正值；反之为负值，单位为 Pa，$1Pa=1N/m^2$。

标准状态：空气流量的标准状态如下：温度：293K（20℃）；压力，101.3kPa（760mmHg）；空气密度：$1.202/m^3$。

气密性能：幕墙可开启部分为关闭状况时，可开启部分以及幕墙整体阻止空气渗透的能力。

气密性能是建筑幕墙重要的物理性能之一，从幕墙缝隙渗入室内的空气对建筑的节能与隔声都有较大的影响。幕墙的可开启部分处于开启状态时，可以进行室内的通风换气，当需要阻止空气时，幕墙的可开启部分应处于关闭状态。

附加空气渗透量：除幕墙试件本身的空气渗透量以外，单位时间通过设备和试件与测试箱连接部分的空气渗透量，单位为 m^3/h。

开启缝长：幕墙试件上开启扇周长的总和，以室内表面测定值为准，单位为 m。

单位开启缝长空气渗透量：幕墙试件在标准状态下，单位时间通过单位开启缝长的空气渗透量,单位为 $m^3/m \cdot h$。

单位面积空气渗透量:在标准状态下,单位时间通过幕墙的试件单位面积的空气量,单位为 $m^3/(m^2 \cdot h)$。

3.3.2 检测装置

检测装置由压力箱、供压系统、测量系统及试件安装系统组成。检测装置的构成如图 3-1 所示。

压力箱的开口尺寸应能满足试件安装的要求,箱体应能承受检测过程中可能出现的压力差。

支撑幕墙的安装横架应有足够的刚度,并固定在有足够刚度的支承结构上。

供风设备应能施加正负双向的压力差,并能达到检测所需要的最大压力差;压力控制装置应能调节出稳定的气流。

差压计的两个探测点应在试件两侧就近布置,差压计的精度应达到示值的 2%。空气流量测量装饰的测量误差不应大于示值的 5%。

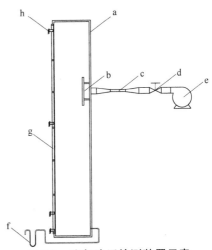

图 3-1 空气渗透检测装置示意

a—压力箱;b—进气口挡板;c—空气流量计;
d—压力控制装置;e—供风设备;
f—差压计;g—试件;h—安装横架

3.3.3 试件要求

试件规格、型号和材料等应与生产厂家所提供图样一致,试件的安装应符合设计要求,不得加设任何特殊附件或采取其他措施,试件应干燥。

试件宽度至少应包括一个承受设计荷载的垂直构件。试件高度应包括一层高,并在垂直方向上应有两处或两处以上和承重结构连接,试件组装和安装的受力状况应和实际情况相符。

试件应包括典型的垂直接缝、水平接缝和可开启部分,并使试件上可开启部分占试件总面积的比例与实际工程接近。

3.3.4 检测方法

试验室检测时,试件安装完毕后应进行检查,符合设计要求后才可进行检测。检测前,应将试件可开启部分开关不少于 5 次,最后关紧。检测压差顺序见图 3-2。

(1)预备加压

在正负压检测前分别施加三个压力脉冲。压力差绝对值为 500Pa,持续时间为 3s,加压速度宜为 100Pa/s。然后待压力回零后开始进行检测。

(2)空气渗透量的检测

1)附加空气渗透量 q_f

充分密封试件上的可开启缝隙和镶嵌缝隙,或用不透气的材料将箱体开口部分密封,然后按照上图逐级加压,每级压力作用时间应大于 10s,先逐级加正压,后逐级加负压。记录各级的检测值。箱体的附加空气渗透值不应高于试件总渗透量的 20%,否则应在处理后重新进行检测。

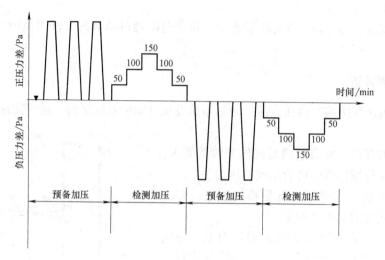

注：图中符号▼表示将试件的可开启部分开关不少于5次。

图 3-2 检测加压顺序示意图

2）总渗透量 q_z

去除试件上所加密封措施后进行检测。检测程序同附加空气渗透量的测定。

3）固定部分空气渗透量 q_g

将试件上的可开启部分的开启缝隙密封起来后进行检测。检测程序同附加空气渗透量的测定。

3.3.5 检测结果处理

分别计算出正压检测升压和降压过程中在100Pa压差下的两次附加渗透量检测值的平均值 $\overline{q_f}$、两个总渗透量测量值的平均值 $\overline{q_z}$、两个固定部分渗透量检测值的平均值 $\overline{q_g}$，则 100Pa 压差下整体幕墙试件（含可开启部分）的空气渗透量 q_t 和可开启部分空气渗透量 q_k 即可按式（3-2）、式（3-3）式计算。

$$q_t = \overline{q_z} - \overline{q_f} \qquad \text{式（3-2）}$$

$$q_k = q_t - \overline{q_g} \qquad \text{式（3-3）}$$

然后，再利用式（3-4）、式（3-5）分别换算标准状态的渗透量值 q_1 和 q_2 值。

$$q_1 = \frac{293}{101.3} \times \frac{q_t \cdot P}{T} \qquad \text{式（3-4）}$$

$$q_2 = \frac{293}{101.3} \times \frac{q_k \cdot P}{T} \qquad \text{式（3-5）}$$

式中：q_t——整体幕墙试件可开启部分的空气渗透量，m^3/h；

　　　$\overline{q_z}$——两次总渗透量检测值的平均值，m^3/h；

　　　$\overline{q_f}$——两个附加渗透量检测值的平均值，m^3/h；

　　　q_k——试件可开启部分空气渗透量值，m^3/h；

　　　$\overline{q_g}$——两个固定部分渗透量检测值的平均值，m^3/h；

　　　q_1——标准状态下通过整体幕墙试件（含可开启部分）的空气渗透量，m^3/h；

q_2——标准状态下通过试件可开启部分空气渗透量值，m³/h；

　P——试验室气压值，kPa；

　T——试验室空气温度值，K。

将 q_1 值除以试件总面积 A，即可得出在 100Pa 下，单位面积的空气渗透量 q_1' 值。

将 q_2 值除以试件可开启部分开启缝长 1，即可得出在 100Pa 下，可开启缝长的空气渗透量 q_2' 值。

负压检测时的结果，也采用同样的方法计算。

分级指标值的确定，采用由 100Pa 检测压力差下的计算值 $\pm q_1'$ 值或 $\pm q_2'$ 值，按式 $\pm q_A = \dfrac{\pm q_1'}{4.65}$ 或 $\pm q_1 = \dfrac{\pm q_2'}{4.65}$ 换算为 10Pa 压力差下的相应值 $\pm q_A$ 值或 $\pm q_1$ 值。以试件的 $\pm q_A$ 值和 $\pm q_1$ 值确定按面积和按缝长各自所属的级别，取单位缝长和单位面积分别定级，正负压取最不利定级。

3.4　建筑幕墙水密性能检测

3.4.1　基本概念

水密性能：幕墙可开启部位为关闭状态时，在风雨同时作用下，阻止雨水渗漏的能力。

水密性能所表征的是建筑幕墙的防雨水渗漏的能力，包括了幕墙的开启部分和固定部分。当风雨来袭时，幕墙正常的防雨水渗漏状态为"可开启部分为关闭状态"。建筑幕墙在"风雨同时作用"的情况下，其发生雨水渗漏的概率最大，风压是影响幕墙水密性能的决定因素之一，在台风和热带风暴多发地区，幕墙就容易发生渗水，所以在试验时要相应加大淋水量。

严重渗漏：雨水从幕墙试件室外侧持续或反复渗入试件室内侧，发生喷溅或流出试件界面的现象。

对渗漏的定义是基于幕墙防渗水功能的界定，即雨水不能从试件室外侧持续或反复渗入室内侧。观察时不但要确定试件的界面，还要观察渗入雨水的流动状态。"持续或反复渗入"的意思就是渗漏可能是连续渗漏，也可能是间而不断的渗漏，但渗入的水无法及时排出，也无法擦拭干净，即为"严重渗漏"。

严重渗漏压力差值：幕墙试件发生严重渗漏时的压力差值。

对于定级检测，未发生严重渗漏时的最高压力差值即为"试件发生验证渗漏时的压力差值"的前一级，若水密检测全过程未发生严重渗漏，则最高检测压力差值即为被测试件的水密性能分级指标值；若在某级检测压力差下发生严重渗漏，则未发生严重渗漏的前一级压力差值即为试件的水密性能分级指标值。

淋水量：喷淋到单位面积幕墙试件表面的水流量。

3.4.2　试件要求

进行水密性能试验的幕墙试件要求同气密性能试验中对幕墙试件的要求。

3.4.3 检测方法

幕墙试件安装完毕后须经检查，符合设计要求后才进行检测。检查前应将试件开启部位开关不少于5次，最后关紧。

检测可分别采用稳定加压法或波动加压法。工程所在地为热带风暴和台风地区的工程检测，应采用波动加压法，其他可采用稳定加压法；已进行波动加压法检测可不再进行稳定加压法检测，热带风暴和台风地区按照 GB 50178 的规定划分。

（1）稳定加压法

按照表3-11和图3-3的顺序加压，并按以下步骤操作：

1）预备加压：施加3个压力脉冲，压力差绝对值为500Pa，加载速度约为100Pa/s，压力稳定作用时间为3s，泄压时间不少于1s。待压力回零后，将试件所有开启部位开关不少于5次，最后关紧。

稳定加压顺序表序   表3-11

加压顺序	1	2	3	4	5	6	7	8
检测压力差/Pa	0	250	350	500	700	1000	1500	2000
每级加压时间/min	10	5	5	5	5	5	5	5

注：水密设计指标值超过2000Pa时，按照水密设计压力值加压。

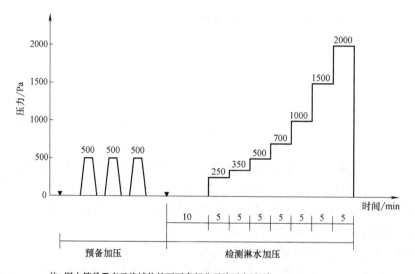

注：图中符号▼表示将试件的可开启部分开关不少于5次。

图3-3 建筑幕墙水密性能检测—稳定加压顺序示意图

2）淋水：对整个幕墙试件均匀地淋水，淋水量为$3L/m^2 \cdot min$。

3）加压：在淋水的同时施加稳定压力。定级检验时，逐级加压至幕墙固定部位出现严重渗漏为止。工程检测时，首先加压至可开启部位水密性能指标值，压力稳定作用时间为15min或幕墙可开启部位产生严重渗漏为止，然后加压至幕墙固定部位水密性能指标值，压力稳定作用时间为15min或幕墙固定部位发生严重渗漏为止；无开启结构的幕墙试件压力稳定作用时间为 30min 或产生严重渗漏为止。

4）观察记录：在逐级升压及持续作用过程中，观察并参照表 3-12 记录渗漏状态及部位。

渗漏状态及部位标记　　　　　　　　　　　　　　　　表 3-12

渗漏状态	符　号
试件内侧出现水滴	○
水珠连成线，但未渗出试件界面	□
局部少量喷溅	△
持续喷溅出试件界面	▲
持续流出试件界面	●

注：1）后两项为严重渗漏；2）稳定加压和波动加压检测结果均采用此表。

（2）波动加压法

波动加压则按照表 3-13 和图 3-4 的顺序加压，并按以下步骤操作：

波动加压顺序　　　　　　　　　　　　　　　　表 3-13

加压顺序		1	2	3	4	5	6	7	8
波动压力值	上限值	—	313	438	625	875	1250	1875	2500
	平均值	0	250	350	500	700	1000	1500	2000
	下限值	—	187	262	375	525	750	1125	1500
波动周期		—	3～5						
每级加压时间（min）		10	5						

注：水密设计指标值超过 2000Pa 时，以该压力为平均值，波幅为实际压力 1/4。

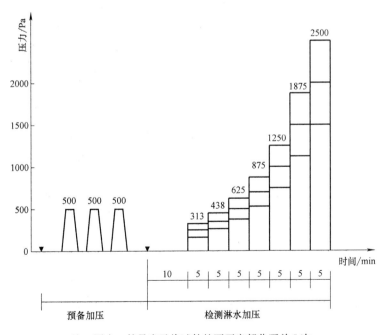

注：图中 ▼ 符号表示将试件的可开启部分开关 5 次。

图 3-4　建筑幕墙水密性能检测—波动加压顺序示意图

1）预备加压：施加三个压力脉冲。压力差值为 500Pa。加载速度约为 100Pa/s，压力稳定作用时间为 3s，泄压时间不少于 1s，待压力回零后，将试件所有可开启部分开关不少于 5 次，最后关紧。

2）淋水：对整个幕墙试件均匀地淋水，淋水量为 4L/(m² · min)。

3）加压：在稳定淋水的同时施加波动压力。定级检测时，逐级加压至幕墙固定部分出现严重渗漏。工程检测时，首先加压至可开启部分水密性能指标值，波动压力作用时间为 15min 或幕墙可开启部分产生严重渗漏为止，然后加压至幕墙固定部分水密性能指标值，波动压力作用时间为 15min 或幕墙固定部分产生严重渗漏为止；无开启结构的幕墙试件压力作用时间为 30min 或产生严重渗漏为止。

3.4.4　检测结果处理

记录渗漏时的压力差值、渗漏部位和渗漏状况。以未发生严重渗漏时的最高压力差值作为分级指标值。

3.5　建筑幕墙抗风压性能检测

3.5.1　基本概念

抗风压性能：幕墙可开启部位处于关闭状态时，在风压作用下，幕墙变形不超过允许值且不发生结构损坏（如：裂缝、面板破损、局部屈服、粘结失效等）及五金件松动、开启困难等功能障碍的能力。

面法线位移：幕墙试件受力构件或面板表面上任意一点沿面法线方向的线位移量。

面法线位移是指幕墙的受力构件在受到风压作用下发生的变形量，构件上所有的点都偏离原来的初始位置，在特定检测风压下的位置与初始位置的差值，就是该点的面法线位移量。最大位移量就是整个构件上最大的面法线位移。

面法线挠度：幕墙试件受力构件或面板表面上某一点沿面法线方向的线位移量的最大差值。

在同一受力杆件上，检测时一般是进行 3 个点的位移量检测，受力构件在受力风压作用下发生变形，其中部最大位移量与两端点线位移量平均值的差值即为面法线挠度。

相对面法线挠度：面法线挠度值和两端测点间距离的比值。

当相对面法线挠度大于一定的值时，即认定该被测构件失效。

允许挠度：主要构件在正常使用极限状态时的面法线挠度的限值。

定级检测：为确定幕墙抗风压性能指标值而进行的检测。

工程检测：为确定幕墙是否满足工程设计要求的抗风压性能而进行的检测。

3.5.2　检测装置

检测装置由压力箱、供压系统、测量系统及试件安装系统组成。检测装置较气密性能检测多位移计。

压力箱的开口尺寸应能满足试件安装的要求，箱体应能承受检测过程中可能出现的压力差。

试件安装系统用于固定幕墙试件并将试件与压力箱开口部位密封，支承幕墙的试件安装系统宜与工程实际相符，并具有满足试验要求的面外变形刚度和强度。

构件式幕墙应通过连接件固定在安装横架上，在幕墙自重的作用下，横架的面内变形不应超过 5mm；安装横架在最大试验风荷载作用下外面变形应小于其跨度的 1/1000。

供风设备应能施加正负双向的压力，并能达到检测所需要的最大压力差；压力控制装置应能调节出稳定的压力差，并应能在规定的时间达到检测压力差。

差压计的两个探测点应在试件两侧就近布置，精度应达到示值的 1%，响应速度应满足波动风压测量的要求，差压计的输出信号应由图表记录仪或可显示压力变化的设备记录。

位移计的精度应达到满量程的 0.25%，位移计的安装支架在测试过程中应有足够的紧固性，并应保证位移的测量不受试件及其支承设施的变形、移动所影响。

试件的外侧应设置安全防护网或采取其他安全措施。

3.5.3　试件要求

进行风压变形性能试验的幕墙试件要满足以下要求：

（1）试件规格、型号和材料等应与生产厂家所提供图样一致，试件的安装应符合设计要求，不得加设任何特殊附件或采取其他措施；

（2）试件应有足够的尺寸和配置，代表典型部分的性能；

（3）试件必须包括典型的垂直连接水平接缝。试件的组装、安装方向和受力状况应和实际相符；

（4）构件式幕墙试件宽度最少应包括一个承受设计荷载的典型垂直承力构件。试件高度不宜少于一个层高，并在垂直方向上有两处或两处以上和支承结构相连接；

（5）单元式幕墙试件应至少有一个与实际工程相符的典型十字接缝并应有一个完整单元的四边形或与实际工程相同的接缝；

（6）全玻璃幕墙试件应有一个完整跨距高度，宽度应至少包括 2 个完整的玻璃宽度或 3 个玻璃肋；

（7）点支承幕墙试件应满足以下要求：

1）应至少有 4 个与实际工程相符的玻璃板块或一个完整的十字接缝，支承结构应至少包括一个典型承力单位；

2）张拉索杆体系支承结构应按照实际支承跨度进行测试，预张拉力应与设计相符，张拉索杆体系宜检测拉索的预张力；

3）当支承跨度大于 8m 时，可用玻璃及其支承装置的性能测试和支承结构的结构静力试验模拟幕墙系统的测试。玻璃及其支承装置的性能测试至少应检测 4 块与实际工程相符的玻璃板块及一个典型十字接缝；

4）采用玻璃肋支承的点支承幕墙同时应满足全玻璃幕墙的规定。

3.5.4　检测方法

建筑幕墙的抗风压性能检测按以下步骤进行：

试件安装完毕，应经检查，符合设计图样要求后才可进行检测。检测前，应将试件可开启部分开关不少于 5 次，最后关紧；

安装位移测量仪器，位移计宜安装在构件的支承处和较大位移处，测点布置要求为：

1）采用简支梁形式的构件式幕墙测点布置见图 3-5，两端的位移计应靠近支承点；

2）单元式幕墙采用拼接式受力杆件且单元高度为一个层高时，宜同时检测相邻板块的杆件变形，取变形最大者为检测结果；当单位板块较大时其内部的受力杆件也应布置测点；

3）全玻璃幕墙玻璃板块应按照支承于玻璃肋的单向简支板检测跨中变形；玻璃肋按照简支梁检测变形，如图 3-6 所示；

4）点支承幕墙应检测面板的变形，测点应布置在支点跨距较长方向玻璃上，如图 3-7 所示；

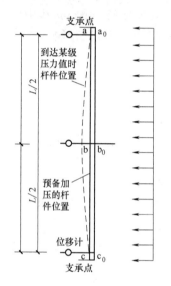 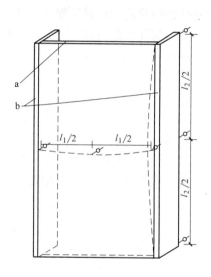

图 3-5　简支梁式的构建式幕墙测点分布示意图　图 3-6　全玻璃幕墙玻璃面板位移计布置示意图

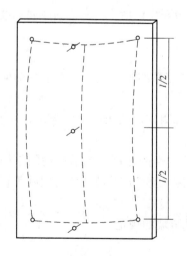

**图 3-7　点支承幕墙玻璃面板
位移计布置示意图**

5）点支承幕墙支承结构应分别测试结构支承点和挠度最大节点的位移，承受荷载的受力杆件多于一个时可分别检测，变形大者为检测结果；支承结构采用双向受力体系时应分别检测两个方向上的变形，如图 3-8 所示；

6）点支承玻璃幕墙支承结构的结构静力试验应取一个跨度的支承单位，支承单元的结构应与实际工程相同，张拉索杆体系的预张拉力应与设计相符；在玻璃支承装置位置同步施加与风荷载方向一致且大小相同的荷载，测试各个玻璃支承点的变形，如图 3-9 所示；

7）其他类型幕墙的受力支承构件根据有关标准规范的技术要求或设计要求确定。

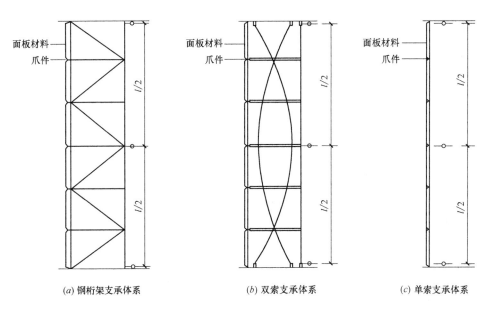

(a) 钢桁架支承体系　　　　(b) 双索支承体系　　　　(c) 单索支承体系

图 3-8　点支承幕墙支承体系位移计布置示意图

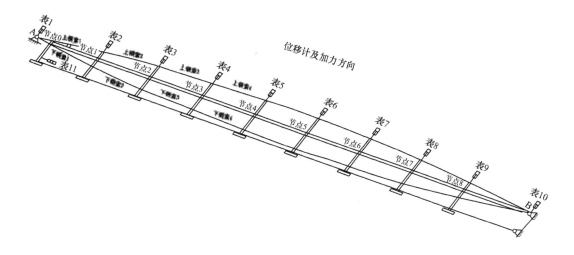

图 3-9　自平衡索杆结构加载及测点分布示意图

（1）预备加压

在正负压检测前分别施加三个压力脉冲。压力差绝对值为 500Pa。加压速度为 100Pa/s，持续时间为 3s，待压力回零后进行检测。

（2）变形检测

定级检测时检测压力分级升降。每级升、降压力不超过 250Pa，加压级数不少于 4 级，每级压力持续时间不少于 10s。压力的升、降直到任一受力构件的相对面法线挠度值达到 $f_0/2.5$ 或最大检测压力达到 2000Pa 时停止检测，记录每级压力差作用下各个检测点的面法线位移量，并计算面法线挠度值 f_{max}。采用线性方法推算出面法线挠度对应于 $f_0/2.5$ 时的压力值 $\pm P_1$。以正负压检测中绝对值的压力差值较小作为 P_1 值。

工程检测时检测压力分级升降。每级升、降压力差不超过风荷载标准值的10%，每级压力作用时间不少于10s。压力的升、降达到幕墙风荷载标准值40%时停止检测，记录每级压力差作用下各个测点的面法线位移量。

(3) 反复加压检测

以检测压力差P_2（$P_2 = 1.5P_1$）为平均值，以平均值的1/4位波幅，进行波动检测，先进行正负压检测。波动压力周期为5～7s，波动次数不少于10次。记录反复检测压力值$\pm P_2$，并记录出现的功能障碍或损坏的状况和部位。

(4) 安全检测

当反复加压检测未出现功能障碍或损坏时，应进行安全检测。安全检测过程中加正、负压后将试件可开启部分开关不少于5次，最后关紧。升降压速度为300～500Pa/s，压力持续时间不少于3s。

1) 定级检测时的安全检测

使检测压力升至P_3（$P_3 = 2.5P_1$），随后将为零，再降到$-P_3$，然后升至零，升降压速度为300Pa/s～500Pa/s。记录面法线位移量、功能障碍或损坏的状况和部位。

2) 工程检测时的安全检测

P_3对应于设计要求的风荷载标准值。检测压力差升至P_3，随后降至零，再降至$-P_3$，然后升至零。记录面法线位移量，功能障碍或损坏的状况和部位。当有特殊要求时，可进行压力为P_{max}的检测，并记录在该压力作用下试件的功能状态。

上述过程的加压顺序如图3-10所示。

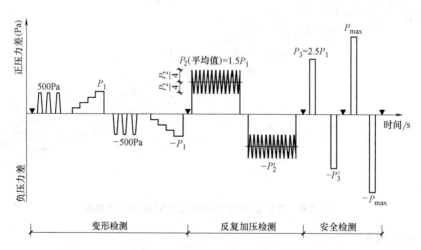

图3-10　建筑幕墙风压变形性能试验加压顺序示意图

3.5.5　检测结果的评定

(1) 计算

变形检测中求取受力构件的面法线挠度的方法，按式（3-6）计算：

$$f_{max} = (b - b_0) - \frac{(a - a_0) + (c - c_0)}{2} \qquad \text{式（3-6）}$$

式中　　f_{max}——面法线挠度值，mm；

a_0、b_0、c_0——各测点在预备加压后的稳定初始读数值，mm；

a、b、c——某级检测压力作用过程中各测点的面法线位移，mm。

（2）评定

1）变形检测的评定

定级检测时，注明相对面法线挠度达到 $f_0/2.5$ 时的压力差值 $\pm P_1$。

工程检测时，在 40% 风荷载标准值作用下，相对面法线挠度应不大于 $f_0/2.5$，否则应判为不满足工程使用要求。

2）反复加压检测的评定

经检测，试件未出现功能障碍和损坏时，注明 $\pm P_2$ 值；检测中试件出现功能障碍和损坏时，应注明出现的功能障碍、损坏情况以及发生部位，并以发生功能障碍和损坏时压力差的前一级检测压力值作为安全检测压力 $\pm P_3$ 值进行评定。

3）安全检测的评定

① 定级检测

注明相对面法线挠度达到 f_0 时的压力差值 $\pm P_3$，且 $\pm P_3$ 检测时未出现功能性障碍和损坏，按绝对值较小值 $\pm P_3$ 为幕墙抗风压性能的定级值；如果经检测，试件出现功能障碍和损坏时，应注明出现功能障碍或损坏的情况及其发生部位，并应以试件出现功能障碍或损坏所对应得压力差值的前一级作为定级值。

② 工程检测

如 $\pm P_3$ 值对应的相对面法线挠度小于或等于允许挠度 f_0，且检测时未出现功能性障碍和损坏，按 $\pm P_3$ 中绝对值较小者作为目前抗风压性能的定级值，并判为满足工程使用要求；

经检测，如果 $\pm P_3$ 对应的相对面法线挠度大于 f_0，或试件出现功能障碍和损坏，应注明出现功能障碍或损坏的情况及其发生部位，并应判为不满足工程使用要求。

4）检测结论

定级检测时，以 $\pm P_3$ 值作为抗风压性能的定级值。

工程检测时，判为满足工程设计要求时，以 $\pm P_3$ 值作为抗风压性能的定级值。

3.6　建筑幕墙层间变形性能检测

3.6.1　基本概念

层间变形：在地震、风荷作用下，建筑物相邻两个楼层间在幕墙平面内水平方向（X 轴）、平面外水平方向（Y 轴，垂直于 X 轴方向）和垂直方向（Z 轴）的相对位移。

幕墙层间变形性能：在建筑主体结构发生反复层间位移时，幕墙保持其自身及与主体连接部位不发生损坏及功能障碍的能力。

拟静力试验：用一定的荷载控制或变形控制模拟地震作用或风荷载，对楼层进行低周反复加载，试验幕墙在楼层反复间位移时的受力和变形过程。

幕墙平面内变形性能（幕墙 X 轴维度变形性能）：楼层在 X 轴维度反复位移时，幕墙保持其自身及与主体连接部位不发生损坏及功能障碍的能力。

幕墙平面外变形性能（幕墙 Y 轴维度变形性能）：楼层在 Y 轴维度反复位移时，幕墙保持其自身及与主体连接部位不发生损坏及功能障碍的能力。

幕墙垂直方向变形性能（幕墙 Z 轴维度变形性能）：楼层在 Z 轴维度反复位移时，幕墙保持其自身及与主体连接部位不发生损坏及功能障碍的能力。

幕墙层间组合位移变形性能：楼层在 X 轴、Y 轴、Z 轴三个维度中同时产生两个或三个维度的反复位移时，幕墙保持其自身及与主体连接部位不发生损坏及功能障碍的能力。

层间位移角：沿 X 轴、Y 轴维度方向层间位移值和层高之比值。

层间高度变化量：沿 Z 轴维度方向相邻层间高度变化量。

3.6.2 试件要求

（1）试件规格、型号、材料、五金配件等应与委托单位所提供的图样一致。

（2）试样应包括典型的垂直接缝、水平接缝和可开启部分，并且试件上可开启部位占试件总面积的比例与实际工程接近。

（3）构件式幕墙试件宽度至少应包括一个承受设计荷载的典型垂直承力构件，试件高度不应少于一个层高，并应在垂直方向上有两处或两处以上与支承结构相连接。

（4）单位式幕墙试件应至少有一个与工程实际相符的典型十字接缝，并应有一个完整单位的四边形成与实际工程相同的接缝。

（5）全玻璃幕墙试件应有一个完整跨距高度，宽度应至少有两个完整的玻璃宽度一个玻璃肋。

（6）点支承幕墙试件应至少有四个与实际工程相符的玻璃板块和一个完整的十字接缝，支承结构至少应有一个典型承力单位。采用玻璃肋支承的点支承幕墙同时应满足全玻璃幕墙的规定。

3.6.3 检测设备

通过静力加载装置，模拟主体结构受地震、风荷载等作用时产生的 X 轴、Y 轴、Z 轴或组合位移变形，使幕墙试件产生低周反复运动，以检测幕墙对层间变形的承受能力。检测设备由安装架、静力加载装置和位移测量装置组成，见图 3-11。

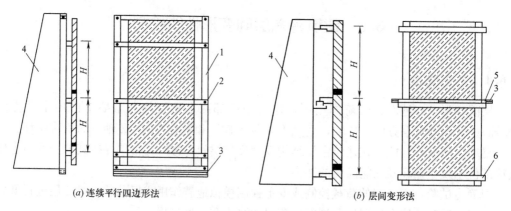

(a) 连续平行四边形法　　　　(b) 层间变形法

1—摆杆；2—横梁；3—静力加载装置；4—固定架；5—活动架；6—固定梁

注：H 表示层高。

图 3-11　检测设备组成示意图

3.6.4　检测方法

（1）试件安装完毕后应进行检查。检查完毕后将试件的可开启部分开关五次后关紧。

（2）检查确认摆杆或活动梁在沿位移方向行程内不受约束，同时应在行程外有相应限位措施，以确保摆杆或活动梁在该方向移动时不产生其他方向的位移。

（3）根据所选取的加载方式安装试验静力加载装置。加载装置的布置应合理，确保所产生位移的有效性。

1. X 轴维度变形性能检测

在摆杆底部或活动梁端部安装位移测量装置，并使位移测量装置处于正常工作状态。同时可在幕墙试件与活动梁连接角码处的幕墙构件侧增加位移测量装置。X 轴维度变形性能位移测量装置安装见图 3-12。

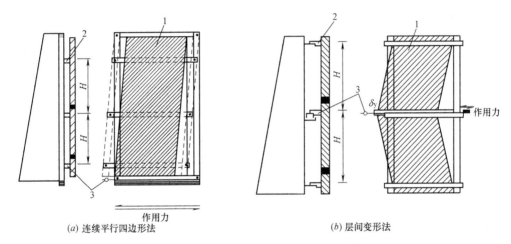

(a) 连续平行四边形法　　　　　(b) 层间变形法

1—幕墙试件；2—连接角码；3—位移测量装置

注：δ_x 表示 X 轴方向水平位移绝对值；H 表示层高。

图 3-12　X 轴维度变形性能位移测量装置安装示意图

（1）预加载

对于工程检测，层间位移角取工程设计指标 50%，对于定级检测，层间位移角取 $l/800$。推动摆杆或活动梁沿 X 轴维度做一个周期的左右相对移动。当幕墙连接角码与活动梁产生相对位移时，应调整并紧固后重复预加载。

（2）定级检测

按表 3-5 规定，定分级值从最低级开始逐级进行检测。每级检测均使摆杆或活动梁沿 X 轴维度做相对往复移动三个周期，每个周期宜为 3～10s，在各级检测周期结束后，检查并记录试件状态，定级检测加载顺序见图 3-13。当幕墙试件或其连接部位出现损坏或功能障碍时应停止检测。

（3）工程检测

对于判定是否达到设计要求的工程检测，层间位移角取工程设计指标值，操作静力加载装置，推动摆杆或活动梁沿 X 轴维度作三个周期的相对反复移动，工程检测加载顺序见图 3-14，每个周期宜为 3～10s，三个周期结束后将试件的可开启部分开关五次，然后关紧。检查并记录试件状态。当试件发生损坏（指面板破裂或脱落、连接件损坏或脱落金

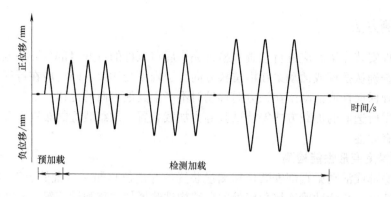

图 3-13　X 轴维度变形性能定级检测加载顺序示意图

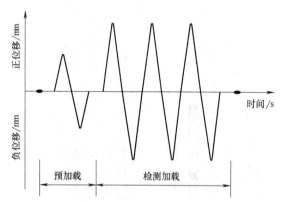

注：图中符号·表示将试件的可开启部分开关 5 次后关紧。

图 3-14　X 轴维度变形性能工程检测加载顺序示意图

位移测量装置见图 3-15。

属框或金属面板产生明显不可恢复的变形）或功能障碍（指启闭功能障碍、胶条脱落等现象）时应停止检测，记录试件状态。

2. Y 轴维度变形性能检测

（1）操作静力加载装置推动每根摆杆或活动梁两端沿 Y 轴维度做相对反复移动，共三个周期。

（2）在摆杆底部或活动梁端部及中点部位安装位移测量装置，并使位移测量装置处于正常工作状态。同时可在幕墙试件与活动梁连接角码处的幕墙构件侧增加位移测量装置。加载装置及安装

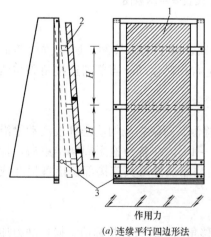

(a) 连续平行四边形法

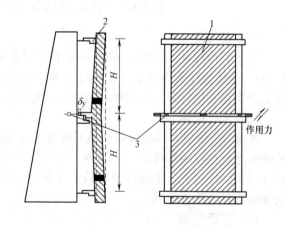

(b) 层间变形法

1—幕墙试件；2—连接角码；3—位移测量装置

注：δ_Y 表示 Y 轴方向水平位移绝对值；H 表示层高。

图 3-15　Y 轴维度变形性能加载方式及位移测量装置示意图

（3）检测步骤按预加载、定级检测工程检测的规定进行。

3. Z 轴维度变形性能检测

（1）操作静力加载装置推动活动梁两端沿 Z 轴维度做相对反复移动，共 3 个周期。

（2）在活动梁端部及中点部位安装位移位测量装置，并使位移测量装置处于正常工作状态，同时可在幕墙试件与活动梁连接角码处的幕墙构件侧增加位移测量装置。加载装置及安装位移测量装置见图 3-16。

（3）检测步骤按预加载、定级检测、工程检测的规定进行，每个检测周期宜为 60s。

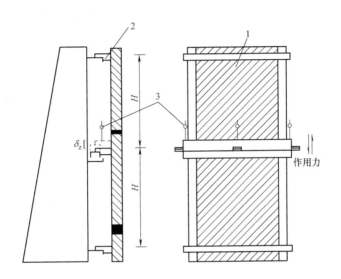

1—幕墙试件；2—连接角码；3—位移测量装置

注：δ_z 表示 Z 轴方向垂直位移绝对值；H 表示层高。

图 3-16 Z 轴维度变形性能加载方式及位移测量装置示意图

3.6.5 检测结果处理

（1）X 轴维度层间位移角按照式（3-7）计算

$$\gamma_x = \frac{\delta_x}{H} \qquad \text{式（3-7）}$$

式中

H——层高，单位为毫米（mm）；

δ_x——X 轴维度方向水平位移绝对值，单位为毫米（mm）。

（2）Y 轴维度层间位移角 Y_y 按照式（3-8）计算

$$\gamma_y = \frac{\delta_y}{H} \qquad \text{式（3-8）}$$

式中

H——层高，单位为毫米（mm）；

δ_y——Y 轴维度方向水平位移绝对值，单位为毫米（mm）。

（3）Z 轴维度层间高度变化量用 Z 轴方向垂直位移绝对值 δ_z 表示，单位为毫米（mm）。

3.6.6 检测评定

（1）定级检测以发送损坏或功能障碍时的分级指标值的前一级定级。当第 5 级多个变形量顺序检测通过时，可定为第 5 级，同时注明未发生损坏或功能障碍时的检测变形值。

（2）工程检测达到设计位移值时，如未发生损坏或功能障碍，判定为满足工程使用要求，否则应判定为不满足工程使用要求。

（3）有特殊要求可在每项层间变形性能检测前后按 GB/T 15227 各进行一次气密、水密性能检测，并对前后两次检测结果进行比较，按设计技术要求进行评定。

第4章　建筑幕墙工程质量要求及检测

按照《建筑装饰装修工程质量验收规范》GB 50210—2018 和《玻璃幕墙工程质量检验标准》JGJ/T 139—2001 以及《建筑节能工程施工质量验收规范》GB 50411—2007 的相关要求，应对建筑幕墙的制作工艺和安装质量进行检验。

(1) 现场质保体系检查

1) 幕墙设计、施工、监理、测试等单位的资质条件。

2) 幕墙评审意见。

3) 加工现场的环境、设备、质量控制措施等条件。

4) 材料验收和检验制度。

(2) 设计图纸的检查

查看设计图纸，明确幕墙体系、用材、幕墙性能、各种节点处理要求等。

(3) 质保资料检查

1) 幕墙工程的施工图、结构计算书、设计说明及其他设计文件。

2) 建筑设计单位对幕墙工程设计的确认文件。

3) 幕墙工程所用各种材料、五金配件、构件及组件的产品合格证书、性能检测报告、进场验收记录和复验报告。

4) 幕墙工程所用硅酮结构胶的认定证书和抽查合格证明；进口硅酮结构胶的商检证；国家指定检测机构出具的硅酮结构胶相容性和剥离粘结性试验报告；石材用密封胶的耐污染性试验报告。

5) 后置埋件的现场拉拔强度检测报告。

6) 幕墙的抗风压性能、空气渗透性能、雨水渗漏性能及平面变形性能检测报告。

7) 打胶、养护环境的温度、温度记录；双组分硅酮结构胶的混匀性试验记录及拉断试验记录。

8) 防雷装置测试记录。

9) 隐蔽工程验收记录。

① 预埋件（后置埋件）；

② 构件的连接节点；

③ 变形缝及墙面转角处的构造节点；

④ 幕墙防雷装置；

⑤ 幕墙防火构造。

10) 幕墙构件和组件的加工制作记录；幕墙安装施工记录。

11) 玻璃幕墙产品实行生产许可证和准用证制度，未获得产品生产许可证的企业不得生产玻璃幕墙产品，未获得准用证的产品不得在建筑工程中使用。

（4）现场实物检查

1）过程检查

① 重点检查预埋件、焊接、结构胶、密封胶、防腐连接件、构架安装；

② 节点处理，变形缝处理；

③ 避雷设施；

④ 嵌板、单元板质量。

2）竣工检查

① 重点检查零附件、紧固件等用料情况；

② 门窗开启角度和安装；

③ 幕墙的平整度、垂直度，幕墙的外观；

④ 结构密封胶的施工；

⑤ 保温、防火、避雷、防水、排水的施工；

⑥ 幕墙四周与主体结构的处理等。

4.1 建筑幕墙工程安装及组件质量要求和检验

4.1.1 一般规定

（1）幕墙工程应对下列材料及其性能指标进行复验。

1）铝塑复合板的剥离强度。

2）石材的弯曲度；寒冷地区石材的耐冻融性；室内用花岗石的放射性。

3）玻璃幕墙用结构胶的邵氏硬度、标准条件拉伸粘结强度、相容性试验；石材用结构胶的粘结强度；石材用密封胶的污染性。

（2）幕墙及其连接件应具有足够的承载力、刚度和相对于主体结构的位移能力。幕墙构架立柱的连接金属角码与其他连接件应采用螺栓连接，并应有防松动措施。

（3）隐框、半隐框幕墙所采用的结构粘结材料必须是中性硅酮结构密封胶，其性能必须符合《建筑用硅酮结构密封胶》GB 16776 的规定；硅酮结构密封胶必须在有效期内使用。

（4）立柱和横梁等主要受力构件，其截面受力部分的壁厚应经计算确定，且铝合金型材壁厚不应小于 3.0mm，钢型材壁厚不应小于 3.5mm。

（5）隐框、半隐框幕墙构件中板材与金属框之间硅酮结构密封胶的粘结宽度，应分别计算风荷载标准值和板材自重标准值作用下硅酮结构密封胶的粘结宽度，并取其较大值，且不得小于 7.0mm。

（6）硅酮结构密封胶应打注饱满，并应在温度 15～30℃、相对湿度 50％以上、洁净的室内进行；不得在现场墙上打注。

（7）幕墙的防火除应符合现行国家标准《建筑设计防火规范》GB 50016 和《建筑设计防火规范》GB 50016 的有关规定外，还应符合下列规定：

1）应根据防火材料的耐火极限决定防火层的厚度和宽度，并应在楼板处形成防火带。

2）防火层应采取隔离措施。防火层的衬板应采用经防腐处理且厚度不小于 1.5mm

的钢板，不得采用铝板。

3）防火层的密封材料应采用防火密封胶。

4）防火层与玻璃不应直接接触，一块玻璃不应跨两个防火分区。

（8）主体结构与幕墙连接的各种预埋件，其数量、规格、位置和防腐处理必须符合设计要求。

（9）幕墙的金属框架与主体结构预埋件的连接、立柱与横梁的连接及幕墙面板的安装必须符合设计要求，安装必须牢固。

（10）单元幕墙连接处和吊挂处的铝合金型材的壁厚应通过计算确定，并不得小于 5.0mm。

（11）幕墙的金属框架与主体结构应通过预埋件连接，预埋件应在主体结构混凝土施工时埋入，预埋件的位置应准确。当没有条件采用预埋件连接时，应采用其他可靠的连接措施，并应通过试验确定其承载力。

（12）主柱应采用螺栓与角码连接，螺栓直径应经过计算，并不应小于 10mm。不同金属材料接触时应采用绝缘垫片分隔。

（13）幕墙的抗震缝、伸缩缝、沉降缝等部位的处理应保证缝的使用功能和饰面的完整性。

（14）幕墙工程的设计应满足维护和清洁的要求。

4.1.2　玻璃幕墙工程

（1）适用范围：建筑高度不大于 150m、抗震设防烈度不大于 8 度的隐框玻璃幕墙、半隐框玻璃幕墙、明框玻璃幕墙、全玻幕墙及点支承玻璃幕墙。

（2）材料质量要求：

1）玻璃幕墙工程所使用的各种材料、构件和组件的质量，应符合设计要求及国家现行产品标准和工程技术规范的规定。

2）铝合金型材应符合现行国家标准 GB/T 5237 的规定，并不应低于 AA15 级标准。

3）玻璃幕墙使用的玻璃应符合以下规定：

① 玻璃幕墙应使用安全玻璃，玻璃的品种、规格、颜色、光学性能和安装方向应符合设计要求；

② 幕墙玻璃的厚度不应小于 6.0mm，全玻幕墙肋玻璃的厚度不应小于 12mm；

③ 幕墙的中空玻璃应采用双道密封，密封胶采用聚硫密封胶（明框幕墙）、丁基密封胶（明框、隐框及半隐框幕墙）、硅酮结构密封胶（隐框及半隐框幕墙），镀膜面应在中空玻璃的第 2 面或第 3 面；

④ 钢化玻璃表面不得有损伤，8mm 以下的钢化玻璃应进行引爆处理；

⑤ 幕墙的夹层玻璃应采用聚乙烯醇缩丁醛（PVB）胶片干法加工合成的夹层玻璃，点支承玻璃幕墙夹层玻璃的夹层胶片（PVB）厚度不应小于 0.76mm；

⑥ 所有幕墙玻璃均应进行边缘处理。

（3）技术要求：

1）玻璃幕墙的造型和立面分格应符合设计要求。

2）玻璃幕墙与主体结构连接的各种预埋件、连接件、紧固件必须安装牢固，其数量、规格、位置、连接方法和防腐处理应符合设计要求。

3）各种连接件、紧固件的螺栓应有防松动措施；焊接连接应符合设计要求和焊接规范的规定。

4）隐框或半隐框玻璃幕墙，每块玻璃下端应设置两个铝合金或不锈钢托条，其长度不应小于100mm，厚度不应小于2mm，托条外端应低于玻璃外表面2mm。

5）明框玻璃幕墙的玻璃安装应符合下列规定：

① 玻璃槽口与玻璃的配合尺寸应符合设计要求和技术标准的规定；

② 玻璃与构件不得直接接触，玻璃四周与构件凹槽底部应保持一定的空隙，每块玻璃下部应至少放置2块宽度与槽口宽度相同、长度不小于100mm的弹性定位垫块，玻璃两边镶入量及空隙应符合设计要求；

③ 玻璃四周橡胶条的材质、型号应符合设计要求，镶嵌应平整，橡胶条长度应比边框内槽长1.5%～2.0%，橡胶条在转角处应斜面断开，并应用粘结剂粘结牢固后嵌入槽内。

6）高度超过4m的全玻璃幕墙应吊挂在主体结构上，吊夹具应符合设计要求，玻璃与玻璃，玻璃与玻璃肋之间的缝隙，应采用硅酮结构密封胶填嵌严密。

7）点支承玻璃幕墙应采用带万向头的活动不锈钢爪，其钢爪间的中心距离应大于250mm。

8）玻璃幕墙四周、玻璃幕墙内表面与主体结构之间的连接节点、各种变形缝，墙角的连接节点应符合设计要求和技术标准的规定。

9）玻璃幕墙应无渗漏。

10）玻璃幕墙结构胶和密封胶的打注应饱满、密实、连续、均匀、无气泡，宽度和厚度应符合设计要求和技术标准的规定。

11）玻璃幕墙开启窗的配件应齐全，安装应牢固，安装位置和开启方向、角度应正确；开启应灵活，关闭应严密。

12）玻璃幕墙的防雷装置必须与主体结构的防雷装置可靠连接。

（4）质量要求：

1）玻璃幕墙表面应平整、洁净；整幅玻璃的色泽应均匀一致；不得有污染和镀膜损坏。

2）每平方米玻璃的表面质量和检验方法应符合表4-1的规定。

每平方米玻璃的表面质量和检验方法 表4-1

项次	项　目	质量要求	检验方法
1	明显划伤和长度＞100mm的轻微划伤	不允许	观察
2	长度≤100mm的轻微划伤	≤8条	用钢尺检查
3	擦伤总面积	≤500mm²	用钢尺检查

3）一个分格铝合金型材的表面质量和检验方法应符合表4-2的规定。

一个分格铝合金型材的表面质量和检验方法 表4-2

项次	项　目	质量要求	检验方法
1	明显划伤和长度＞100mm的轻微划伤	不允许	观察
2	长度≤100mm的轻微划伤	≤2条	用钢尺检查
3	擦伤总面积	≤500mm²	用钢尺检查

4）明框玻璃幕墙的外露框或压条应横平竖直，颜色、规格应符合设计要求，压条安装应牢固。单元玻璃幕墙的单元拼缝或隐框玻璃幕墙的分格玻璃拼缝应横平竖直、均匀一致。

5）玻璃幕墙的密封胶缝应横平竖直、深浅一致、宽窄均匀、光滑顺直。

6）防火、保温材料填充应饱满、均匀，表面应密实、平整。

7）玻璃幕墙隐蔽节点的遮封装修应牢固、整齐、美观。

8）明框玻璃幕墙安装的允许偏差和检验方法应符合表 4-3 的规定。

明框玻璃幕墙安装的允许偏差和检验方法　　　　　　　表 4-3

项次	项　　目		允许偏差（mm）	检验方法
1	幕墙垂直度	幕墙高度≤30m	10	用经纬仪检查
		30m＜幕墙高度≤60m	15	
		60m＜幕墙高度≤90m	20	
		幕墙高度＞90m	25	
2	幕墙水平度	幕墙幅宽≤35m	5	用水平仪检查
		幕墙幅宽＞35m	7	
3	构件直线度		2	用靠尺和塞尺检查
4	构件水平度	构件长度≤2m	2	用水平仪检查
		构件长度＞2m	3	
5	相邻构件错位		1	用钢直尺检查
6	分格框对角线长度差	对角线长度≤2m	3	用钢尺检查
		对角线长度＞2m	4	

9）隐框、半隐框玻璃幕墙安装的允许偏差和检验方法应符合表 4-4 规定。

隐框、半隐框玻璃幕墙安装的允许偏差和检验方法　　　　　　　表 4-4

项次	项　　目		允许偏差（mm）	检验方法
1	幕墙垂直度	幕墙高度≤30m	10	用经纬仪检查
		30m＜幕墙高度≤60m	15	
		60m＜幕墙高度≤90m	20	
		幕墙高度＞90m	25	
2	幕墙水平度	层高≤3m	3	用水平仪检查
		层高＞3m	5	
3	幕墙表面平整度		2	用 2m 靠尺和塞尺检查
4	板材立面垂直度		2	用垂直检测尺检查
5	板材上沿水平度		2	用 1m 水平尺和钢直尺检查
6	相邻板材板角错位		1	用钢直尺检查
7	阳角方正		2	用直角检测尺检查
8	接缝直线度		3	拉 5m 线，不足 5m 拉通线，用钢直尺检查
9	接缝高低差		1	用钢直尺和塞尺检查
10	接缝宽度		1	用钢直尺检查

4.1.3 金属幕墙工程

（1）适用范围：适用于建筑高度不大于150m的金属幕墙工程。

（2）材料质量要求：

1）金属幕墙工程所使用的各种材料和配件，应符合设计要求及国家现行产品标准和工程技术规范的规定。

2）金属幕墙的造型和立面分格应符合设计要求。

3）金属面板的品种、规格、颜色、光泽及安装方向应符合设计要求。

（3）技术要求

1）金属幕墙主体结构上的预埋件、后置埋件的数量、位置及后置埋件的拉拔力必须符合设计要求。

2）金属幕墙的金属框架立柱与主体结构预埋件的连接、立柱与横梁的连接、金属面板的安装必须符合设计要求，安装必须牢固。

3）金属幕墙的防火、保温、防潮材料的设置应符合设计要求，并应密实、均匀、厚度一致。

4）金属框架及连接件的防腐处理应符合设计要求。

5）金属幕墙的防雷装置必须与主体结构的防雷装置可靠连接。

6）各种变形缝、墙角的连接节点应符合设计要求和技术标准的规定。

7）金属幕墙的板缝注胶应饱满、密实、连续、均匀、无气泡，宽度和厚度应符合设计要求和技术标准的规定。

8）金属幕墙应无渗漏。

（4）质量要求

1）金属板表面应平整、洁净、色泽一致。

2）金属幕墙的压条应平直、洁净、接口严密、安装牢固。

3）金属幕墙的密封胶缝应横平竖直、深浅一致、宽窄均匀、光滑顺直。

4）金属幕墙上的滴水线、流水坡向应正确、顺直。

5）每平方米金属板的表面质量和检验方法应符合表4-5的规定。

每平方米金属板的表面质量和检验方法　　　　　　　表4-5

项次	项　目	质量要求	检验方法
1	明显划伤和长度＞100mm的轻微划伤	不允许	观察
2	长度≤100mm的轻微划伤	≤8条	用钢尺检查
3	擦伤总面积	≤500mm²	用钢尺检查

6）金属幕墙安装的允许偏差和检验方法应符合表4-6的规定。

金属幕墙安装的允许偏差和检验方法　　　　　　　表4-6

项次	项　目		允许偏差（mm）	检验方法
1	幕墙垂直度	幕墙高度≤30m	10	用经纬仪检查
		30m＜幕墙高度≤60m	15	
		60m＜幕墙高度≤90m	20	
		幕墙高度＞90m	25	

项次	项　目		允许偏差(mm)	检验方法
2	幕墙水平度	层高≤3m	3	用水平仪检查
		层高>3m	5	
3	幕墙表面平整度		2	用2m靠尺和塞尺检查
4	板材立面垂直度		3	用垂直检测尺检查
5	板材上沿水平度		2	用1m水平尺和钢直尺检查
6	相邻板材板角错位		1	用钢直尺检查
7	阳角方正		2	用直角检测尺检查
8	接缝直线度		3	拉5m线,不足5m拉通线,用钢直尺检查
9	接缝高低差		1	用钢直尺和塞尺检查
10	接缝宽度		1	用钢直尺检查

4.1.4　石材幕墙工程

（1）适用范围：适用于建筑高度不大于100m、抗震设防烈度不大于8度的石材幕墙工程。

（2）材料质量要求：

① 石材幕墙工程所选用材料的品种、规格、性能和等级，应符合设计要求及国家现行产品标准和工程技术规范的规定。

② 石材幕墙工程石材的弯曲强度不应小于8.0MPa，吸水率应小于0.8%。

③ 石材幕墙工程的铝合金挂件厚度不应小于4.0mm，不锈钢挂件不应小于3.0mm。

④ 用于石材幕墙的硅酮结构密封胶必须有耐污染性的试验报告。

（3）技术要求：

① 石材幕墙的造型、立面分格、颜色、光泽、花纹和图案应符合设计要求。

② 石材孔、槽的数量、深度、位置、尺寸应符合设计要求。

③ 石材幕墙主体结构上的预埋件和后置埋件的位置、数量及后置埋件的拉拔力必须符合设计要求。

④ 石材幕墙的金属框架立柱与主体结构预埋件的连接、立柱与横梁的连接、连接件与金属框架的连接、连接件与石材面板的连接必须符合设计要求，安装必须牢固。

⑤ 金属框架的连接件和防腐处理应符合设计要求。

⑥ 石材幕墙的防雷装置必须与主体结构防雷装置可靠连接。

⑦ 石材幕墙的防火、保温、防潮材料的设置应符合设计要求，填充应密实、均匀、厚度一致。

⑧ 各种结构变形缝、墙角的连接节点应符合设计要求和技术标准的规定。

⑨ 石材表面和板缝的处理应符合设计要求。

⑩ 石材幕墙的板缝注胶应饱满、密实、连续、均匀、无气泡，板缝宽度和厚度应符合设计要求和技术标准的规定。

⑪ 石材幕墙应无渗漏。

（4）质量要求：

① 石材幕墙表面应平整、洁净，无污染、缺损和裂痕。颜色和花纹应协调一致，无明显色差，无明显修痕。

② 石材幕墙的压条应平直、洁净、接口严密、安装牢固。

③ 石材接缝应横平竖直、宽窄均匀；阴阳角石板压向应正确，板边合缝应顺直；凹凸线出墙厚度应一致，上下口应平直；石材面板上洞口、槽边应套割吻合，边缘应整齐。

④ 石材幕墙的密封胶缝应横平竖直、深浅一致、宽窄均匀、光滑顺直。

⑤ 石材幕墙上的滴水线、流水坡向应正确、顺直。

⑥ 每平方米石材的表面质量和检验方法应符合表 4-7 的规定。

每平方米石材的表面质量和检验方法 表 4-7

项次	项　目	质量要求	检验方法
1	裂痕、明显划伤和长度＞100mm 的轻微划伤	不允许	观察
2	长度≤100mm 的轻微划伤	≤8 条	用钢尺检查
3	擦伤总面积	≤500mm²	用钢尺检查

⑦ 石材幕墙安装的允许偏差和检验方法应符合表 4-8 的规定。

石材幕墙安装的允许偏差和检验方法 表 4-8

项次	项　目		允许偏差（mm）		检验方法
			光面	麻面	
1	幕墙垂直度	幕墙高度≤30m	10		用经纬仪检查
		30m＜幕墙高度≤60m	15		
		60m＜幕墙高度≤90m	20		
		幕墙高度＞90m	25		
2	幕墙水平度		3		用水平仪检查
3	板材立面垂直度		3		用垂直检测尺检查
4	板材上沿水平度		2		用 1m 水平尺和钢直尺检查
5	相邻板材板角错位		1		用钢直尺检查
6	幕墙表面平整度		2	3	用 2m 靠尺和塞尺检查
7	阳角方正		2	4	用直角检测尺检查
8	接缝直线度		3	4	拉 5m 线，不足 5m 拉通线，用钢直尺检查
9	接缝高低差		1	—	用钢直尺和塞尺检查
10	接缝宽度		1	2	用钢直尺检查

4.2　节点与连接质量检验

4.2.1　检验抽样规则

（1）每幅幕墙应按各类节点总数的 5% 抽样检验，且每类节点不应少于 3 个；锚栓应按 5% 抽样检验，且每种锚栓不得少于 5 根。

（2）对已完成的幕墙金属框架，应提供隐蔽工程检查验收记录。当隐蔽工程检查记录不完整时，应对该幕墙工程的节点拆开进行检验。

4.2.2　检验项目应符合的规定

（1）预埋件与幕墙连接

① 连接、绝缘片、紧固件的规格、数量应符合设计要求；

② 连接件应安装牢固。螺栓应有防松脱措施；

③ 连接件的可调节构造应用螺栓牢固连接，并有防滑动措施。角码调节范围应符合使用要求；

④ 连接件与预埋件之间的位置偏差使用钢板或型钢焊接调整时，构造形式与焊缝应符合设计要求；

⑤ 预埋件，连接件表面防腐层应完整、不破损；

⑥ 检验预埋件与幕墙连接，应在预埋件与幕墙连接节点处观察，手动检查，并应采用分度值为 1mm 的钢直尺和焊缝量规测量。

（2）锚栓的连接

① 使用锚栓进行锚固连接时，锚栓的类型、规格、数量、布置位置和锚固深度必须符合设计和有关标准的规定；

② 锚栓的埋设应牢固，不得露套管。

用精度不大于全量程 2‰ 的锚栓拉拔仪、分辨率为 0.01mm 的位移计和记录仪检验锚栓的锚固性能。管材检查锚栓埋设的外观质量，用分辨率为 0.05mm 的深度尺测量锚固深度。

（3）幕墙顶部连接

① 女儿墙压顶坡度正确，罩板安装牢固，不松动、不渗漏、无空隙。女儿墙内侧罩板深度不应小于 150mm，罩板与女儿墙之间的缝隙应使用密封胶密封；

② 密封胶注胶应严密平顺，粘接牢固，不渗漏，不污染相邻表面。

检验幕墙顶部的连接时，应在幕墙顶部和女儿墙压顶部位手动和观察检查，必要时也可进行淋水试验。

（4）幕墙底部连接

① 镀锌钢材的连接件不得同铝合金立柱直接接触；

② 立柱、底部横梁及幕墙板块与主体结构之间应有伸缩空隙。空隙宽度不应小于 15mm，并用弹性密封材料嵌填，不得用水泥砂浆或其他硬质材料嵌填；

③ 密封材料应平顺严密、粘接牢固。

检验应在幕墙底部采用分度值为 1mm 的钢直尺测量和观察检查。

（5）立柱连接

① 芯管材质、规格应符合设计要求；

② 芯管插入上下立柱的长度均不得小于 200mm；

③ 上下立柱之间的空隙不小于 10mm；

④ 立柱的上端应与主体结构固定连接，下端为可上下活动的连接。

立柱连接的检验，应在立柱连接处观察检查，并采用分辨率为 0.05mm 的游标卡尺和分度值为 1mm 的钢直尺测量。

（6）梁、柱连接节点

① 连接件、螺栓的规格、品种、数量应符合设计要求。螺栓应有防松脱的措施，同一连接处的连接螺栓不应少于两个，且不应采用自攻螺栓；

② 梁、柱连接应牢固不松动，两端连接处应设弹性橡胶垫片，或以密封胶密封；

③ 与铝合金接触的螺钉及金属配件应采用不锈钢或铝制品。

在梁、柱节点处观察和手动检查，并采用分度值为 1mm 的钢直尺和分别率为 0.02mm 的塞尺测量。

（7）变形缝节点连接

① 变形缝构造、施工处理应符合设计要求；

② 罩面平整、宽窄一致，无凹瘪和变形；

③ 变形缝罩面与两侧幕墙结合处不得渗漏。

在变形缝处观察检查，并采用淋水试验检查其渗漏情况。

（8）幕墙内排水构造

① 排水孔、槽应畅通不堵塞，接缝严密，设置应符合设计要求；

② 排水管及附件应与水平构件预留孔连接严密，与内衬板出水孔连接处应设橡胶密封圈。

在设置内排水的部位观察检查。

（9）全玻幕墙玻璃与吊夹具的连接

① 吊夹具和衬垫材料的规格、色泽和外观应符合设计和标准要求；

② 吊夹具应安装牢固、位置准确；

③ 夹具不得与玻璃直接接触；

④ 夹具衬垫材料与玻璃应平整结合，紧密牢固。

在玻璃的吊夹具处观察检查，并应对夹具进行力学性能检验。

（10）拉杆（索）结构连接节点

① 所有杆（索）受力状态应符合设计要求；

② 焊接节点焊缝应饱满、平整光滑；

③ 节点应牢固，不得松动，紧固件应有防松脱措施。

在幕墙索杆部位观察检查，也可采用拉杆（索）张力测定仪对索杆的应力进行测试。

（11）点支承装置

① 点支承装置和衬垫材料的规格、色泽和外观应符合设计和标准要求；

② 点支承装置不得与玻璃直接接触，衬垫材料的面积不应小于点支承装置与玻璃的结合面；

③ 点支承装置应安装牢固，配合严密。

在点支承装置处观察检查。

4.3　幕墙工程防雷和防火性能要求及检验

4.3.1　防雷要求及检验

建筑幕墙的防雷设计应符合现行国标《建筑物防雷设计规范》GB 50057 的有关规定。

玻璃幕墙工程防雷措施的检验抽样应符合下列规定：有均压环的楼层数少于 3 层时，应全数检查；多于 3 层时抽查不得少于 3 层；对有女儿墙盖顶的必须检查，每层至少应查 3 处；无均压环的楼层抽查不得少于 2 层，每层至少应查 3 处。

玻璃幕墙的防雷检验项目和检验方法见标准《玻璃幕墙工程质量检验标准》JGJ/T 139。

4.3.2　防火要求及检验

幕墙用玻璃和石材为脆性材料，其抗火性能差，在高温时容易发生变形、炸裂破碎而造成幕墙面板大面积的脱落，且火焰就会从幕墙破碎洞口的外侧卷进上层室内。另外，垂直幕墙与建筑物各楼层楼板、房间间墙的缝隙未经处理或处理不恰当，且消防系统不完善情况下，浓烟也可通过缝隙向上层扩散弥漫，造成人员窒息，而火苗则通过缝隙往上层窜。这些缝隙和幕墙破裂的洞口就成了引火通道，串烟串火，酿成更大的火灾。国内外都有不少这样惨痛的例子。此外，室内的大火可将石材幕墙挂石板的不锈钢和钢材软化而失去强度致使石板剥离从天而降，威胁行人安全。可见，幕墙的防火不当不但严重影响建筑物的使用安全性，还严重危害人民生命财产安全和其他公众利益，所以幕墙的防火是一项非常重要的工作，建设主体各方都不可掉以轻心。

玻璃幕墙的防火构造除满足《玻璃幕墙工程质量检验标准》JGJ/T 139—2001 规定外，还应符合现行国家标准《建筑设计防火规范》GB 50016—2014 的规定。在国家标准《建筑设计防火规范》GB 50016—2014 中规定，建筑幕墙应在每层楼板外沿处采取的防火措施有：

1. 建筑外墙上、下层开口之间应设置高度小于 1.2m 的实体墙或挑出宽度不小于 1.0m 长度不小于开口宽度的防火挑檐；

2. 当室内设置自动喷水灭火系统时，上、下层开口之间的实体墙高度不应小于 0.8m；

3. 当上、下层开口之间设置实体墙确有困难时，可设置防火玻璃墙，但高层建筑的防火玻璃墙的耐火完整性不应低于 1.00h，单、多层建筑的防火玻璃墙的耐火完整性不应低于 0.50h。外窗的耐火完整性不应低于防火玻璃的耐火完整性要求；

4. 住宅建筑外墙上相邻户开口之间的墙体宽度不应小于 1.0m，小于 1.0m 时，应在开口之间设置突出外墙不小于 0.6m 的隔墙；

5. 实体墙、防火挑檐和隔板的耐火极限和燃烧性能均不应低于相应耐火等级建筑外墙的要求；

6. 幕墙与每层楼板、隔墙处的缝隙应采用防火封堵材料封堵。

在《玻璃幕墙工程质量检验标准》JGJ/T 139—2001 中规定，幕墙防火构造的检验指标，应符合下列规定：

1. 幕墙与楼板、墙、柱之间应按设计要求设置横向、竖向连续的防火隔断。

2. 对高层建筑无窗间墙和窗槛墙的玻璃幕墙，应在每层楼板外沿设置耐火极限不低于 1.00h，高度不低于 0.80m 的不燃烧实体裙墙。

3. 同一块玻璃不宜跨两个分火区域。

金属与石材幕墙的防火除应满足现行国家标准《建筑设计防火规范》GB 50016—2014 的有关规定外，还应符合《金属与石材幕墙工程技术规范》JGJ 133—2001 的规定。

4.4 幕墙工程节能要求及检验

在《公共建筑节能设计标准》GB 50189 中，透明幕墙主要是指玻璃幕墙，其节能主要是由玻璃的热工性能决定。目前，玻璃幕墙主要采用单层玻璃、透明中空玻璃、镀膜中空玻璃和中空低辐射玻璃。非透明幕墙主要是指铝板幕墙和石材幕墙等，此类幕墙的保温设计通常采用铝板、石材等内加装玻璃棉。根据不同地区的传热系数设计要求，加装不同厚度的玻璃棉来满足规范。

《建筑节能工程施工质量验收规范》GB 50411 规定了透明和非透明的各类建筑幕墙的节能工程质量验收要求。

幕墙节能工程使用的材料、构件进场时，应对下列材料的性能进行见证取样检验：

（1）保温材料：导热系数、密度。

（2）幕墙玻璃：可见光透射比、传热系数、遮阳系数、中空玻璃露点。

（3）隔热型材：抗拉强度、抗剪强度。

另外，幕墙节能工程使用的保温材料的厚度、遮阳设施的安装位置、热桥部位的断热措施、隔汽层构造和冷凝水的收集与排放等项目为主控检查项目。

附录 A 建筑幕墙相关标准和规范

序号	标准号	标 准 名 称
1	GB/T 15227—2007	建筑幕墙气密、水密、抗风压性能检测方法
2	GB/T 18091—2000	玻璃幕墙光学性能
3	GBT 18250—2015	建筑幕墙层间变形性能分级及检测方法
4	GB/T 18575—2001	建筑幕墙抗震性能振动台试验方法
5	GB/T 21086—2007	建筑幕墙
6	JGJ 102—2003	玻璃幕墙工程技术规范
7	JGJ 113—2015	建筑玻璃应用技术规程
8	JGJ 133—2001	金属与石材幕墙工程技术规范
9	JG/T 138—2010	建筑玻璃点支承装置
10	JG 139—2001	吊挂式玻璃幕墙支承装置
11	JGJ/T 139—2001	玻璃幕墙工程质量检验标准
12	JG/T 205—2007	合成树脂幕墙
13	JG/T 216—2007	小单元建筑幕墙
14	JG/T 231—2008	建筑玻璃采光顶
15	CECS127:2001	点支式玻璃幕墙工程技术规范
16	GB 50016—2014	建筑设计防火规范
17	GB 50411—2007	建筑节能工程施工质量验收规范
18	GB 50189—2005	公共建筑节能设计标准
19	GB 50057—2010	建筑物防雷设计规范
20	GB 50210—2018	建筑装饰装修工程质量验收标准

附录 B　建筑幕墙有关标准、规范中的强制性条文

(1) JGJ 102—2003《玻璃幕墙工程技术规范》

建设部于 2003 年 11 月 14 日批准《玻璃幕墙工程技术规范》为行业标准，自 2004 年 1 月 1 日起实施。其中第 3.1.4、3.1.5、36.2、4.4.4、5.1.6、5.5.1、5.6.2、6.2.1、6.3.1、7.1.6、7.3.1、7.4.1、8.1.2、8.1.3、9.1.4、10.7.4 条为强制性条文，必须严格执行。

(2) JGJ 133—2001《金属与石材幕墙工程技术规范》

建设部于 2001 年 5 月 29 日批准《金属与石材幕墙工程技术规范》为行业标准，其中第 3.2.2、3.5.2、3.5.3、4.2.3、4.2.4、5.2.3、5.5.2、5.6.6、5.7.2、5.7.11、6.1.3、6.3.2、6.5.1、7.2.4、7.3.4 条和 7.3.10 条为强制性条文，自 2001 年 6 月 1 日起施行。目前，该规范正在修订中。

(3) CECS127：2001《点支承玻璃幕墙工程技术规程》

该规程中第 3.2.1、3.3.4、4.4.1、4.4.3、5.2.1、5.2.2、5.3.2、5.3.6、5.4.1、5.4.3、5.5.1、5.7.1、5.7.3 条和第 6.5.3 条第二款已建议列入《工程建设标准强制性条文》。

附录 C 建筑门窗、幕墙（验收）常规检测项目及取样

序号	类型	产品名称	序号	检测项目	取样要求	备注
1	玻璃幕墙	幕墙四性	1	气密性能	按幕墙设计计算的最大（最不利）分格选取，试件单元的高度至少应包括一个层高，宽度要求三根立柱以上且至少包括一根承受设计负荷的立柱。 备注：结合幕墙图纸选择送检单元，然后由委托方进入实验室安装幕墙，后进行检测。一般要求每个独立建筑单体工程检测一组幕墙	
			2	水密性能		
			3	抗风压性能		
			4	层间变形性能（平面内变形）		
		锚栓拉拔	1	化学锚栓（现场）	根据锚栓总数对应的抽样比例检测，且单组不少于3根	
		玻璃	1	中空玻璃露点	样品：a:510×360（中空）15块 b:100mm×100mm（单片）3块，如有镀膜玻璃，另外需要100mm×100mm（单片）3块。标清内外面 c:800×800（中空）2块	
			2	可见光透射比		
			3	遮阳系数		
			4	中空玻璃传热系数		
		硅酮结构胶	1	相容性	样品：a. 胶：2支，玻璃：50mm×75mm×原厚（8片） b. 附框及扇料（铝材）：150mm（8段），泡沫棒、双面胶条：≥1500mm	
			2	拉伸粘结性		
		铝合金型材	1	壁厚	样品：500mm长型材，两段	
			2	韦氏硬度		
			3	涂层厚度		

如图

明框玻璃幕墙

点支承玻璃幕墙

全玻幕墙

隐框幕墙

续表

序号	类型	产品名称	序号	检测项目	取样要求	备注
2	石材幕墙	幕墙四性	1	气密性能	按幕墙设计计算的最大（最不利）分格选取，试件单元的高度至少应包括一个层高，宽度要求三根立柱以上且至少包括一根承受设计负荷的立柱。 备注：结合幕墙图纸选择送检单元，然后由委托方进入实验室安装幕墙后进行检测。一般要求每个独立建筑单体工程检测一组幕墙	
			2	水密性能		
			3	抗风压性能		
			4	层间变形性能（平面内变形）		
		锚栓拉拔	1	化学锚栓（现场）	根据锚栓总数对应的抽样比例检测，且单组不少于3根	
		石材用密封胶	1	污染性	样品：胶2支，石材：75mm×25mm×原厚，24块	
			2	相容性	样品：a. 胶2支，石材：50mm×75mm×原厚（8片） b. 附框及扇料：150mm（8段），泡沫棒、双面胶条：≥1500mm	
		云石胶	1	压剪强度	样品：云石胶至少2kg，石材：50mm×30mm×原厚，15块	
		饰面石材	1	体积密度	样品：a. 边长50的正方体或直径和高度为50mm的柱体，10块 b. 试件宽度为：100mm，长度为：（10×厚度+50）mm，5块	
			2	吸水率		
			3	干燥压缩强度		
			4	干燥弯曲强度		
		金属挂件	1	拉拔强度	样品：工程使用的挂件10个	
		角钢、槽钢	1	强度	样品：500mm长各2段	

如图

石材(干挂)幕墙

3	铝单板幕墙	幕墙四性	1	气密性能	按幕墙设计计算的最大（最不利）分格选取，试件单元的高度至少应包括一个层高，宽度要求三根立柱以上且至少包括一根承受设计负荷的立柱。 备注：结合幕墙图纸选择送检单元，然后由委托方进入实验室安装幕墙后进行检测。一般要求每个独立建筑单体工程检测一组幕墙	
			2	水密性能		
			3	抗风压性能		
			4	层间变形性能（平面内变形）		
		锚栓拉拔	1	化学锚栓（现场）	根据锚栓总数对应的抽样比例检测，且单组不少于3根	

续表

序号	类型	产品名称	序号	检测项目	取样要求	备注
3	铝单板幕墙	铝单板	1	膜厚	样品：0.5m²	
			2	铅笔硬度		
		硅酮结构胶	1	相容性	样品：a. 胶 2 支，铝单板：50mm×75mm×原厚(8 片) b. 附框及扇料：150mm(8 段)，泡沫棒、双面胶条：≥1500mm	
				如图		
		 铝单板幕墙				
4	门窗	门窗性能	1	气密性	普通门窗：同一厂家同一品种同一类型的门窗及门窗玻璃每 100 樘为一组，样品数量不少于 3 樘。 特种门窗：50 樘为一批组，每检验批不少于 3 樘 备注：评优工程的单一建筑单体至少检测一组(三樘样品)	
			2	水密性		
			3	抗风压性		
			4	保温性能		
		铝合金型材	1	壁厚	样品：500mm 长型材，两段	
			2	韦氏硬度		
			3	涂层厚度		
		玻璃	1	中空玻璃露点	样品：a:510×360(中空)15 块 b:100mm×100mm(单片) 3 块，如有镀膜玻璃，另外需要 100mm×100mm(单片) 3 块。标清内外面 c:800×800(中空)2 块	
			2	可见光透射比		
			3	遮阳系数		
			4	中空玻璃传热系数		
	备注：单玻一般只测遮阳系数、可见光透射比。					